AF357637

# ÉLÉMENTS D'AGRICULTURE.

# ÉLÉMENTS D'AGRICULTURE

OU

# LEÇONS D'AGRICULTURE

## APPLIQUÉES AU DÉPARTEMENT D'ILLE-ET-VILAINE

et à quelques départements voisins

FAITES AUX ÉLÈVES DE L'ÉCOLE D'AGRICULTURE DE RENNES
ET A CEUX DE L'ÉCOLE NORMALE

## Par J. BODIN

Ancien élève de Grignon, Directeur de l'École d'agriculture de Rennes,
Chevalier de la Légion-d'Honneur,

Ouvrage couronné par la Société royale et centrale d'agriculture en 1847
et approuvé par le Conseil de l'Université,

POUR LES ÉCOLES NORMALES PRIMAIRES, EN 1848.

## 4e ÉDITION

**REVUE, AUGMENTÉE ET ORNÉE DE PLANCHES DANS LE TEXTE.**

RENNES,

Chez **VERDIER**, Libraire.

1863.

# AVERTISSEMENT.

En 1840, lorsque je publiai ce petit volume, j'étais loin de m'attendre au succès qu'il a obtenu.

Les principes qui m'ont servi de base n'ayant pas changé, la première partie de ce livre ne subira que peu de modifications. Mais la mécanique agricole a fait de grands progrès, et j'en indiquerai les plus remarquables.

En outre, une longue expérience des pratiques de culture m'a permis de compléter mon travail.

En consignant ici ces observations qui, je l'espère, pourront avoir quelque utilité, j'ai cherché à mériter l'accueil fait aux éditions précédentes.

Aux Trois-Croix, février 1863.

J. BODIN.

# INTRODUCTION

## ET

## PLAN DE L'OUVRAGE.

Mes jeunes amis,

Le but que nous nous proposons est de contribuer à rendre la culture plus florissante et plus productive. Elle a besoin d'être améliorée ; beaucoup de pratiques vicieuses peuvent être remplacées par des méthodes raisonnées ; mais, pour juger de l'état de l'agriculture dans un pays, il est indispensable de connaître les principes qui font la base de cette science.

Nous devons constamment avoir en vue l'augmentation et l'amélioration des produits, afin de tirer du sol le plus grand bénéfice avec le moins de dépenses possibles. Pour parvenir à ce résultat, aucun travail n'est indigne du cultivateur.

Gardons-nous de rejeter, avant de l'avoir examinée, toute pratique ou méthode qui nous paraîtrait vicieuse au premier abord : souvent, au milieu de préjugés ridicules, on peut découvrir quelque chose d'utile.

Soyons réservés et prudents, écoutons les conseils

qu'on nous donnera, pour en profiter lorsqu'ils seront bons, et surtout ne conseillons que ce que nous aurons fait ou vu faire avec succès. Par ce moyen, nous obtiendrons la confiance des cultivateurs, qui ne nous regarderont plus comme de beaux parleurs dangereux, et nos méthodes se propageront à l'avantage de tous ainsi qu'au nôtre.

Dans un pays où la culture a beaucoup de progrès à faire, nous ne devons introduire que les perfectionnements les plus simples et les plus faciles à saisir, et ne pas débuter par des opérations compliquées ; car souvent une bonne entreprise trouve tant d'opposition de la part des personnes que l'on charge de l'exécuter, que le résultat, au lieu d'être avantageux, devient doublement préjudiciable par la perte qu'il occasionne et par la prévention qu'il fait naître.

Les employés d'une ferme ayant toujours une répugnance extrême à se servir des instruments qu'ils ne connaissent pas, il faut dans ces essais beaucoup de circonspection et une connaissance exacte du mérite de ceux qu'on veut faire adopter. Qu'une étude suffisante de votre part précède toujours l'emploi de ces instruments : alors seulement vous pourrez les mettre en œuvre sans trop de peine, parce que votre volonté, d'autant plus ferme qu'elle s'appuiera sur la conviction, triomphera de l'apathie ou du mauvais vouloir.

La carrière de l'agriculture est sans contredit celle qui permet l'existence la plus paisible ; mais celui qui s'y livre doit aimer son état, le bien connaître, marcher avec précaution, même en appliquant les meilleures méthodes, et surtout se garder de changer brusquement et sans réflexion le système de culture qu'il veut modifier ; autrement il s'expose à de graves mécomptes, qui compromettent également ses intérêts et ceux de l'agriculture elle-même.

Nous traiterons successivement, dans l'ordre suivant, les branches les plus importantes de l'agriculture :

ÉTUDE DU SOL.

Terre..
- sablonneuse.
  - Son aspect; manière de la reconnaître.
  - Cultures qui lui conviennent.
  - Fertilité.
  - Engrais.
  - Moyens de l'améliorer.
- argileuse .... *idem.*
- calcaire...... *idem.*

Variétés de terres qui résultent du mélange de ces trois terres élémentaires.
- Argilo-sablonneuse.
- Argilo-calcaire.
- D'Alluvion, etc.

Humus..
- Son aspect.
- Sa composition.
- Comment on reconnaît sa présence dans le sol.
- Son influence sur la végétation.

Sous-sol.
- Comment on peut le reconnaître.
- Variétés.
- Son influence.
- Moyens d'en corriger les défauts.

AMÉLIORATION DU SOL.

1er Moyen.
- Epierrements, confection des chemins.
- Défoncement et assainissement.
- Drainage (son utilité et ses effets).
- Ameublissement.
- Clôtures.
- Destruction des plantes nuisibles.
- Défrichement.

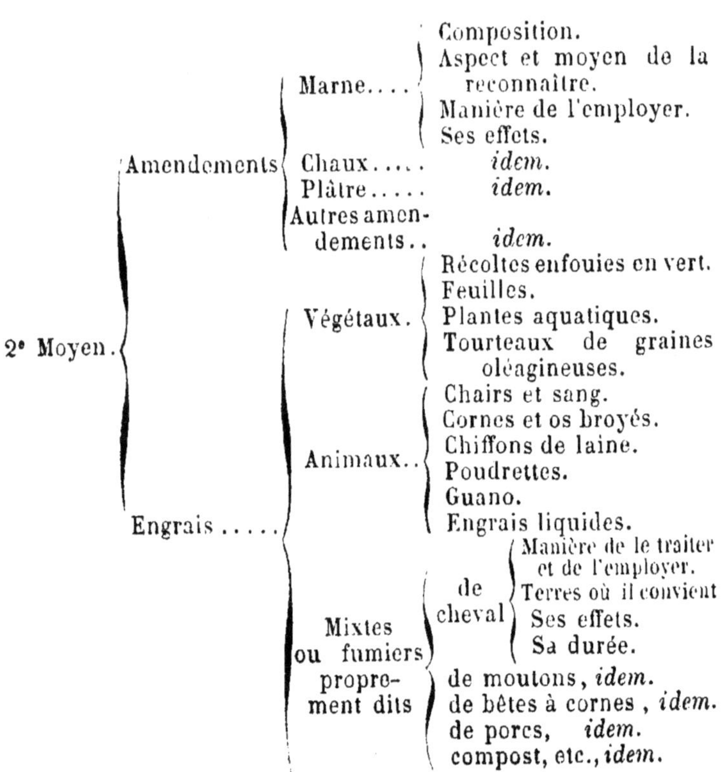

INSTRUMENTS.

Mus à bras
d'hommes.
{ Pelles, pioches, râteaux, etc.
Faulx, faucilles, brouettes, etc.

Mus
par les bêtes
de trait.

Fonctionnant
profondément.
{ Charrues.
Buttoirs.
Défonceuses.

Fonctionnant
superficiellement
{ Herses.
Houes à cheval.
Extirpateurs.
Rouleaux, etc.

De transport
et employés à
différents usages.
{ Charrettes et charriots.
Machines à battre et tarares.
Râpes.
Meules, etc.

Examen des qualités que doivent avoir les instruments et les matériaux qui servent à les construire.

Manière de les faire fonctionner.

Observations sur le travail qu'on en obtient et en particulier sur les labours.

CULTURE DES PLANTES.

Céréales

Froment
{ Espèces et variétés.
Sol qui lui convient.
Préparation du sol.
Semailles.
Soins pendant la végétation.
Récolte et produit.

Seigle........ *idem.*
Orge......... *idem.*
Avoine....... *idem.*
Millet........ *idem.*
Maïs......... *idem.*
Sarrasin...... *idem.*

ÉCONOMIE DU BÉTAIL.



DIFFÉRENTS SYSTÈMES DE CULTURE.

# ÉLÉMENTS D'AGRICULTURE.

## PREMIÈRE PARTIE.

### BASES DE L'AGRICULTURE.

### PREMIÈRE LEÇON.

#### De la Nature des Terres.

1. — La terre labourable est composée de trois parties que nous nommerons élémentaires (corps simples qui servent à en former d'autres) (1); ce sont : le sable, l'argile et le calcaire ou pierre à chaux.

Outre ces trois terres élémentaires, il entre dans la composition du sol (terre), une matière qu'on nomme humus.

2. — La terre sablonneuse est principalement composée de grains plus ou moins fins, ou grossiers,

(1) En agriculture, on appelle ces parties élémentaires, quoiqu'elles soient réellement composées.

n'ayant point de liaison entre eux, ne s'amollissant point dans l'eau, et ayant la propriété de rayer le verre et le fer. Elle est très-divisée, sèche et retient peu l'humidité, qui la traverse comme un crible. La sécheresse de la terre sablonneuse est encore augmentée par la propriété de s'échauffer très-facilement et de ne perdre sa chaleur que lentement.

Les labours profonds (1), l'emploi des fumiers gras et bien consommés, qui tendent à conserver l'humidité, sont de très-bons moyens pour améliorer cette sorte de terre.

3. — La terre argileuse est douce au toucher, happe fortement à la langue (c'est-à-dire s'y attache), lorsqu'elle est sèche; se pelotonne et se pétrit sous les doigts, lorsqu'elle est humide; durcit et se crevasse par la chaleur, et retient fortement l'eau. Dans ce dernier état, elle a une odeur qui lui est propre.

Sa grande ténacité empêche l'humus de se décomposer (2) trop promptement, et, par cette raison, les terres argileuses s'épuisent moins que celles qui sont plus légères; mais il faut qu'elles soient imprégnées

(1) Lorsqu'il tombe beaucoup de pluie, l'eau descend dans le sol aussi bas que s'étend la couche remuée par la charrue, et cette humidité, mise ainsi à l'abri du soleil et du vent, remonte à la surface de la terre lorsque celle-ci est déjà trop desséchée pour alimenter convenablement les plantes.

(2) Décomposer, défaire, changer de forme. Les plantes en se décomposant passent à l'état de terreau; le fumier se forme par la décomposition des matières végétales ou animales, qu'on mêle ensemble.

(remplies, pénétrées) de beaucoup d'humus pour se montrer fertiles, parce que les plantes n'y étendent leurs racines qu'avec difficulté.

Les labours profonds, qui permettent à l'eau de pénétrer plus avant, et, par cette raison, de moins gêner les racines des plantes qui se trouvent à la surface; les raies d'écoulement, le drainage, les fumiers chaux et pailleux qui divisent le sol, doivent être mis en usage pour dessécher et ameublir les terres argileuses.

4. — La terre calcaire est ordinairement blanche, assez légère, bouillonnant quand on verse dessus un peu de bon vinaigre ou, ce qui vaut mieux encore, un acide plus énergique; par exemple l'eau forte ou acide nitrique (1).

De même que les terres sablonneuses et argileuses, la terre calcaire est peu productive lorsqu'elle est pure; elle devient très-fertile lorsqu'elle est mélangée avec les autres terres et fumée convenablement. Elle se dessèche très-vite, décompose promptement les fumiers, et ne permet pas à l'humus acide et astringent (2), dont nous parlerons bientôt, de se former dans le sol.

On doit y maintenir l'humidité au moyen de labours profonds, qui, en lui permettant de descendre plus avant, s'opposent à son évaporation; il lui faut aussi des fumiers de bêtes à cornes ou fumiers froids.

---

(1) Acide, qui a un goût aigre plus ou moins fort.

(2) Astringent, qui resserre; humus qui se décompose difficilement.

5. — La terre formée des éléments dont nous venons de parler (1) ne fournit que très-peu à la nourriture des plantes ; elle donne seulement un appui à leurs racines et sert en quelque sorte de réservoir à l'humidité, à la chaleur et aux débris animaux et végétaux (plantes ou herbes), qui, en s'y décomposant, forment l'humus et alimentent les plantes.

L'humus est formé de débris de plantes et d'animaux. C'est une matière légère, et se pulvérisant (se réduisant en poussière) facilement lorsqu'elle est sèche, douce au toucher lorsqu'elle est humide, combustible (qui peut brûler), et dans laquelle on ne peut reconnaître les substances qui l'ont formée.

Il ne suffit pas que les matières végétales ou animales soient pourries ou décomposées pour former de l'humus, il faut que sa préparation s'achève dans le sol. La formation de l'humus est bien plus prompte dans les terres calcaires que dans les terres sablonneuses, et plus lente dans l'argile que dans les deux autres.

L'humus, qui est la base de toute fertilité, puisqu'il est la principale nourriture des plantes, contient quelquefois des substances qui neutralisent (détruisent) son action; ainsi l'humus, qui s'est formé sous l'influence d'une trop grande humidité, est acide et impropre à la

_______

(1) Toutes les terres contiennent du sable et de l'argile; mais quelques-unes sont privées de calcaire, élément qui donne une grande fertilité au sol, quand il s'y trouve en proportions convenables.

culture ; celui qui s'est formé dans les landes par la décomposition des bruyères est astringent, parce qu'il contient une grande quantité de tannin (1). Ces sortes d'humus ont besoin, pour devenir propres à la végétation, d'être mis en contact avec l'air et modifiés au moyen de fumiers, de chaux, de cendres ou de tout autres matières, qui, soit en fermentant dans le sol, soit en se combinant avec les parties astringentes ou acides, les neutralisent et rendent ainsi assimilables les matières organiques qui ne l'étaient pas auparavant. C'est à l'existence de ces mauvais principes que quelques terres nouvellement défrichées doivent leur peu de fertilité, quoiqu'elles paraissent riches en humus.

6. — L'air, qui est aussi indispensable à la vie des plantes qu'à celle des animaux, peut apporter de grandes modifications à la végétation, suivant les principes dont il est chargé (2). Ainsi, l'on a reconnu que les terres situées dans le voisinage des villes sont plus fertiles que celles qui sont éloignées des grands centres de population ; que les vapeurs qui s'élèvent des marais exercent une influence nuisible sur la végétation et sur

---

(1) Le tannin, qui se trouve en plus ou moins grande quantité dans un grand nombre de végétaux, sert, en se combinant avec le cuir des animaux, à lui donner beaucoup de solidité et de durée.

(2) En comparant l'énorme masse des plantes produites par un champ avec la petite quantité de matière nutritive qui se trouve dans la terre, on sera facilement convaincu que ce n'est pas seulement l'humus du sol qui a pu suffire à la nourriture de ces plantes, mais que l'atmosphère en a fourni sa bonne part.

la santé des hommes et des animaux, et que le voisinage des forêts entretient une humidité presque continuelle dans les terres des environs.

7. — Du mélange des trois terres élémentaires, il résulte un grand nombre de sols composés, que l'on désigne par le nom des terres qui y dominent; on dit qu'une terre est argilo-sablonneuse, lorsqu'elle est composée d'argile et de sable; argilo-calcaire, lorsqu'elle est composée d'argile et de calcaire.

Les mélanges bien entendus produisent souvent de très-bons résultats; ainsi, lorsqu'on a une terre dont les défauts doivent corriger les défauts d'une autre terre, on peut les mélanger avec avantage, en ne perdant point de vue que les terres que l'on veut introduire dans un autre sol doivent avoir des qualités tout opposées à celles du terrain que l'on veut améliorer. On peut corriger l'excès de sable par l'argile, et réciproquement; le calcaire produira toujours un très-bon effet, quand il sera introduit dans les terres qui n'en contiennent que très-peu ou pas du tout.

Ces mélanges, quoique bons, sont ordinairement très-dispendieux, et ne doivent être mis en pratique que lorsque les terres à mélanger se trouvent très-près l'une de l'autre, ou bien lorsqu'on les rencontre dans les couches inférieures du terrain même, ce qui arrive quelquefois pour le calcaire. En hiver, on peut occuper les attelages très-avantageusement au transport de ces terres.

8. — On nomme terre tourbeuse une substance noi-

râtre composée de matières végétales, dont la décomposition n'a eu lieu qu'imparfaitement ; elle a à peu près les mêmes propriétés que l'humus acide, quoique cependant on ne puisse pas lui donner ce nom, puisqu'elle n'est pas encore assez décomposée pour former de l'humus. Les terres où la tourbe domine ne produisent que des herbes grossières ; on doit d'abord les dessécher, les exposer à l'air, et les mêler à des substances qui facilitent leur décomposition : telles sont la chaux et les cendres. On rencontre souvent la tourbe dans les prairies humides et de mauvaise qualité. Ces prairies tremblent sous les pieds, et l'on peut y enfoncer sans résistance des perches de quelques mètres de longueur.

Ces amas de tourbe peuvent être utilisés comme combustible, c'est-à-dire comme matière à brûler.

On peut aussi les employer comme engrais. Nous en parlerons dans la leçon qui traitera de ce sujet.

9. — Sous la première couche de terre, que nous nommerons terre labourable ou couche de terre végétale, il s'en trouve une autre plus ou moins épaisse, et reposant elle-même sur d'autres couches terreuses dont nous n'aurons point à nous occuper. Elle varie autant dans sa composition que la couche qui se trouve à la surface ; mais elle ne contient ordinairement que très-peu d'humus, et n'a pas été fertilisée par l'air comme celle qu'on a divisée par les labours, et améliorée au moyen des amendements et des engrais. Cependant, ramenée à la surface du sol par des labours profonds et

mélangée dans des proportions convenables avec la couche arable, elle y produit des effets remarquables par les sels terreux qu'elle contient. On donne le nom de sous-sol à cette couche de terre.

Lorsque le sous-sol composé de sable ou de calcaire laisse passer facilement l'eau, il est dit *perméable;* lorsqu'au contraire, il est formé d'argile ou de bancs pierreux, qui retiennent fortement l'eau, il est dit *imperméable.*

Le premier est favorable aux terres de nature humide, le second à celles qui se dessèchent trop promptement. On peut reconnaitre la nature du sous-sol dans les fossés, et les éboulements. ou bien au moyen de tranchées pratiquées exprès.

L'épaisseur de la couche de terre labourable varie beaucoup; en général, on peut dire que plus elle est épaisse, plus la terre est fertile, parce que les racines des plantes peuvent mieux s'y étendre et y trouvent plus de matières nutritives, et encore parce que l'humidité étant répartie dans une plus grande quantité de terre, ne reflue pas aussi promptement à la surface du sol dans les terres argileuses, et se conserve plus long-temps dans les terres légères.

10. — On peut, au moyen de l'analyse, il est vrai, un peu imparfaite, que nous allons donner, reconnaitre la présence des éléments qui dominent le sol. La terre calcaire se dissout dans un mélange composé d'eau et d'un autre liquide nommé acide hydrochlorique ou mu-

riatique (1) : le sable tombe au fond, et l'argile surnage quelques instants. Ainsi, en délayant dans le mélange un morceau de la terre que l'on veut essayer, et que l'on a soin de peser après l'avoir séchée, et en ajoutant de l'acide aussi long-temps qu'il y aura bouillonnement, on fera dissoudre tout ce qu'il y aura de calcaire, et l'on pourra en connaître le poids en pesant le reste, après avoir versé doucement l'eau et pesé le dépôt, séché de nouveau. Il est évident que la différence de la première à la seconde pesée sera le poids du calcaire dissous dans l'eau acidulée.

Pour s'assurer de la quantité d'argile et de sable qui restent après cette opération, on délaie de nouveau dans de l'eau, sans mélange d'acide; on verse l'eau trouble dans un autre vase ; le sable tombe au fond du premier et l'argile au fond du second. On doit laver une ou deux fois, pour séparer toute l'argile du sable.

11. — Ces moyens de connaître à peu près la composition du sol peuvent aider dans l'examen des terres d'un domaine ; mais ils ne suffisent pas; car les mélanges des éléments qui constituent le sol sont si variés de formes et de proportions, qu'il faut nécessairement, après s'être aidé de la simple analyse que nous venons de donner, que l'agriculteur se fasse une classification à lui, pour chaque localité, en comparant les terres

---

(1) On trouve cet acide chez tous les droguistes et les pharmaciens ; il s'extrait du sel marin.

qu'il veut examiner avec celles dont il connaît déjà les qualités.

En effet, il peut exister une grande différence entre deux champs qui, par l'analyse d'une motte de terre prise à la surface de chacun d'eux, décèleraient les mêmes qualités. L'influence de l'exposition, de l'inclinaison : celle du sous-sol et des environs ; celle de l'épaisseur de la couche de terre labourable, peuvent augmenter ou diminuer la qualité du terrain.

Ainsi, l'on voit souvent des terrains sablonneux, en pente, exposés au soleil, et reposant sur un sous-sol très-sec, ne produire que des récoltes misérables, tandis que ces mêmes terrains, moins en pente, à l'abri de la trop grande sécheresse, et reposant sur un sous-sol un peu compacte, présenteraient une végétation vigoureuse.

12. — La plupart des terres de notre pays contiennent du sable et de l'argile (1) ; mais très-peu offrent du calcaire. L'argile domine dans un grand nombre de localités ; c'est pour cette raison que les fumiers d'étable et les labours d'été et d'automne conviennent beaucoup.

Le sous-sol est souvent imperméable ; la pierre appelée *schiste* (2), et que dans le pays on nomme *tuf*, est surtout très-répandue ; lorsqu'il est tendre et feuil-

____

(1) Dans les départements de la Sarthe, d'Indre-et-Loire, de Maine-et-Loire, de la Mayenne, etc., on trouve beaucoup de terrains calcaires.

(2) Pierre feuilletée, ressemblant plus ou moins à l'ardoise.

leté, le schiste est moins imperméable que celui qui est tout-à-fait dur.

On rencontre souvent, dans les environs de Rennes, un sous-sol schisteux, feuilleté et mou, qui se délite à la gelée.

Presque toutes les terres qui reposent sur cette couche sont de très-bonne qualité et peuvent facilement être approfondies.

En général, le fond des vallées est très-fertile. Il est presque toujours formé des parties organiques des terrains supérieurs qui, étant plus légères, ont été entraînées par les eaux.

Aux bords des rivières et des ruisseaux, il se trouve par la même raison des couches riches et profondes, auxquelles on a donné le nom de terres d'alluvion.

Vous connaissez le schiste rouge dont on se sert pour construire, et que l'on nomme pierre de *cahot* ; ce schiste forme un sous-sol très-nuisible lorsqu'il est à la surface ; les terres qui le recouvrent sont souvent rougeâtres et de mauvaise qualité ; elles sont très-sèches en été et très-humides en hiver : cependant il s'en trouve de très-bonnes lorsque la couche labourable est assez profonde.

Nos cultivateurs donnent au sol quelques dénominations qui en indiquent assez bien les principaux caractères.

Ainsi ils appellent terre à seigle, terre légère ou petite terre, les terrains sablonneux ; terre à froment, terre forte ou grosse terre, les terrains où l'argile domine ; et enfin, terre mouillée ou terre *crue*, les terres qui reposent sur des bancs imperméables, et qui par le peu d'épaisseur de la couche labourable permettent à l'eau de séjourner presque continuellement à la surface du sol.

Ces notions vous suffiront, si vous apportez toujours une attention constante à l'examen des qualités variées de votre terre ; sans cet esprit d'observation, nos conseils vous deviendraient inutiles.

J'ajouterai cependant que quelques plantes peuvent encore guider dans l'étude de la nature du sol.

Ainsi, sur les terres douces et légères, nous rencontrons plus particulièrement : le coquelicot, le bluet, la spergule, la fougère, la digitale pourprée, la gaude, etc.

Sur les terres fortes et humides, la prèle queue de cheval, le tussilage ou pas d'âne, les joncs, les carex, etc.

Dans les terres calcaires, la lupuline, l'ononide, la chicorée sauvage, la clématite, le chardon Roland, le chardon chausse-trape ou étoilé, le noyer, etc.

La présence des yèbles annonce toujours une bonne terre, très-propre à la culture du froment.

# DEUXIÈME LEÇON.

## Amélioration des Terres.

---

### PREMIER MOYEN.

1. — On peut améliorer la terre de deux manières :
1º en corrigeant ses défauts, sans y introduire de matières nutritives pour les plantes ; 2º en augmentant sa fertilité, au moyen des engrais et des amendements.

Le premier moyen comprend plusieurs opérations, dont les principales sont : les épierrements et la construction des chemins, les défoncements et dessèchements, l'ameublissement du sol, la destruction des mauvaises herbes, les clôtures et les défrichements.

2. — Outre l'avantage de l'épierrement des champs pour la facilité des cultures, les pierres qu'on en retire sont précieuses pour l'amélioration des chemins.

Elles doivent être brisées en morceaux tout au plus de la grosseur d'un œuf; sans cette précaution, les grosses pierres isolées rendent les chemins encore moins praticables, car les roues des voitures, retombant avec beaucoup de force après avoir monté sur une grosse pierre, brisent les petites qui se trouvent à côté, et il finit par en résulter un énorme trou. Aussi voyez-vous que les pierres employées à l'entretien des routes sont toutes cassées avec soin, et qu'en quelques lieux même, on les mesure en les faisant passer dans un anneau, afin que les ouvriers n'en laissent pas de trop grosses.

Des pierres de grosseur à peu près égale, étendues d'une manière uniforme, se prêtent un mutuel appui et finissent par former en quelque sorte une voûte qui résiste bien, quand même le sol de la route ne serait pas très-dur.

Avant d'étendre les pierres sur le chemin, il faut d'abord l'égoutter (1) au moyen de fossés creusés de chaque côté, et le bomber légèrement.

Ce n'est pas en hiver que les pierres doivent être déposées sur les chemins bourbeux; il faut que leur surface soit bien dressée et durcie. Si la terre humide a été foulée et pétrie par le passage des voitures et des animaux, elle deviendra bien plus solide ensuite. Lorsqu'il ne s'agit que d'entretenir les anciens chemins, la pierre étendue pendant la mauvaise saison fait mieux corps avec la route; c'est donc par le beau temps qu'on doit empierrer les nouveaux chemins et pendant la saison pluvieuse qu'il convient de réparer les anciens.

_______

(1) Lorsque l'ombrage d'une grande quantité d'arbres empêche les chemins de se dessécher rapidement, ou qu'un nivellement imparfait maintient l'humidité dans quelques parties, il ne tarde pas à se détériorer, car l'eau ramollissant la surface permet aux roues d'y creuser des ornières qui deviennent de plus en plus profondes.

Les pierres trop grosses pour être transportées entières, et qui exigeraient de grandes dépenses pour être mises en pièces en les faisant sauter au moyen de la poudre, ou en les fendant avec des coins, peuvent être enfouies sur le lieu même. Pour cela, on creuse à côté des pierres des trous dans lesquels on les fait culbuter, et on a soin de les faire assez profonds pour qu'elles ne gênent pas le travail des charrues.

Les travaux sont faciles dans les champs qui ne contiennent pas trop de pierres ; les instruments s'usent moins vite, les animaux ont moins de peine, et les prairies artificielles peuvent être fauchées plus régulièrement.

Les avantages qui résultent de la bonne construction et de l'entretien des chemins sont au moins aussi grands ; lorsqu'on a de bons chemins, on peut faire, avec un petit nombre d'animaux, autant de travail qu'avec le double dans de mauvais ; on ne brise point les charrettes ni les attelages ; on transporte aisément les produits du sol, et on peut, lorsqu'on en est à portée, amener des fumiers étrangers à l'exploitation. Malgré tous ces avantages, bien reconnus aujourd'hui, la plupart des cultivateurs ne se prêtent que difficilement aux travaux qu'on exige d'eux pour l'entretien des chemins. N'imitez point cette indifférence et cette mauvaise volonté ; si un chemin passe sur votre propriété, faites tous vos efforts pour aider à sa construction ; sacrifiez vos arbres et même quelques mètres de terre, vous en serez amplement dédommagés.

**3.** — Les défoncements augmentent la couche de terre végétale (1), et débarrassent le sol d'une humidité surabondante, tout en y maintenant plus longtemps la fraîcheur pendant l'été. Les terres sans profondeur sont peu fertiles, et ce n'est que sur celles qui ont été profondément remuées qu'on peut obtenir de riches récoltes. Aussi les sols qui n'ont qu'une faible couche labourable et un sous-sol qui ne permet pas de défoncer, acquièrent rarement une grande valeur.

On défonce à la bêche ou à la charrue; ce dernier moyen est le seul praticable dans la grande culture. Pour l'exécuter, on se sert de deux charrues qui marchent successivement dans la même raie, ou encore mieux de charrues construites pour ce travail. Cette méthode, quoique très-bonne, est peu usitée, parce qu'on peut rarement disposer d'une assez grande quantité d'engrais pour fertiliser la bande de terre ramenée à la surface par la seconde charrue. Aussi se contente-t-on souvent de remuer le fond de la raie au moyen d'une fouilleuse ou charrue sans versoir. Lorsque le sol et les ressources le permettent, le premier travail est de beaucoup préférable, et nous le conseillons partout où l'on veut amener la terre à une grande fertilité.

Le froment réussit mal sur un labour de défoncement; c'est pour cette raison qu'il est plus prudent

---

(1) On appelle ainsi la terre qui contient assez d'humus et qui est assez divisée pour produire des récoltes.

d'exécuter ces labours sur la terre que vous destinerez aux plantes sarclées, qui s'en trouvent très-bien. Plus tard, lorsque les labours et les engrais auront amélioré et mêlé la partie du sous-sol ramené ainsi à la surface, le froment réussira mieux.

4. — Les terres où l'eau séjourne sont à peu près impropres à la culture, et doivent être assainies par tous les moyens possibles.

Si le sous-sol est perméable et la couche arable profonde, les rigoles ouvertes suffisent quelquefois. Cependant le drainage proprement dit est presque toujours préférable.

On donne le nom de drainage à l'ensemble des opérations qui ont pour but le dessèchement du sol; mais on est convenu de comprendre spécialement sous cette dénomination les travaux qui consistent à creuser des tranchées profondes, dans lesquelles sont ensuite placés des tuyaux en terre cuite destinés à donner écoulement à l'eau.

Depuis longtemps, on pratiquait des dessèchements au moyen de conduits en pierres plates, ou tout simplement en remplissant les tranchées avec des pierres, des fagots ou fascines qui permettaient aux eaux de s'écouler.

Ces moyens n'étaient possibles que dans les localités où les pierres sont très-communes et les bois de nulle valeur. C'est depuis l'emploi des tuyaux faits à bas prix, au moyen de machines, que le drainage est devenu praticable sur une grande échelle.

Je ne ferai point ici un cours de drainage; le cadre restreint de ce petit ouvrage ne me le permettrait pas, et de nombreux traités ont été tout récemment publiés sur cette matière.

Je me bornerai à dire quelques mots de ses effets, afin d'en faire ressortir toute l'utilité.

Dans les terres trop humides, l'air pénètre difficilement; les racines, noyées et en quelque sorte étouffées, ne peuvent profiter des engrais, qui d'ailleurs ne se décomposent qu'imparfaitement (1). Les labours se font mal, l'ameublissement est à peu près impossible et la destruction des mauvaises herbes ne peut être complète, car, à la surface même du sol, où les ramènent les labours et les herbages, elles trouvent encore assez de fraîcheur pour végéter.

Enfin, notre sol, dont la couche arable est malheureusement trop peu approfondie par la charrue, est noyé en hiver, crevassé et brûlé en été.

(1) Je me permettrai de citer ici un passage de la leçon sur le drainage de notre savant professeur, M. Malaguti; ces quelques mots convaincront beaucoup mieux que je ne pourrais le faire du bon effet produit par la circulation de l'air dans le sol :

« ..... Un sol perméable à l'eau, et par conséquent à l'air, présente aux engrais l'agent qui doit en faire la véritable nourriture des plantes; écoutez de quelle manière : Tout ce qui est organisé dans les engrais renferme du carbone : or, le carbone attaqué par l'air, dans les conditions où se trouvent les engrais enterrés, passe à l'état d'acide carbonique; ce gaz, sous l'influence de l'eau, rend soluble la plus grande partie des principes minéraux qui constituent les engrais. Voilà donc que, par le seul fait de l'action de l'air humide, ces substances deviennent solubles, et leurs principes fertilisants vont se trouver sous une forme qui leur permet d'être absorbés par les racines. »

Le drainage remédie à tous ces inconvénients.

Les racines pénètrent plus facilement dans la terre devenue poreuse ; elles y trouvent des substances plus propres à leur nutrition ; les engrais s'y décomposent mieux ; ils entrent dans la terre avec l'eau qui la pénètre, au lieu d'être entraînés dans les fossés ; l'ameublissement devient possible, et le travail peut se faire en toute saison, avantage immense qui diminue considérablement les frais de culture ; enfin, on peut arriver à la destruction des plantes nuisibles.

En outre, la circulation de l'air et des gaz dans les tuyaux de drainage contribue puissamment à fertiliser le sol et à le rendre plus chaud et plus précoce.

On peut donc prédire un grand succès au drainage, en Bretagne. J'ai la conviction qu'il y sera la source d'une grande richesse.

5. — L'ameublissement du sol s'opère de deux manières : au moyen des labours et des hersages répétés et au moyen des substances qui le divisent ; tels sont les fumiers pailleux.

Quand on veut ameublir une terre, il est essentiel de ne la travailler que lorsqu'elle est assez sèche pour ne pas s'attacher aux instruments ; autrement elle forme une espèce de pâte, se durcit, et les labours sont plus nuisibles qu'utiles.

L'action de la gelée, en gonflant l'eau qui se trouve renfermée dans les terres argileuses, divise leurs parties et les rend très-meubles. C'est pour cette raison que les labours exécutés à la fin de l'automne, lorsque le sol n'est pas trop humide, conviennent parfaitement pour ces sortes de terres.

Le plus grand obstacle à l'ameublissement du sol, dans notre pays, vient de ce que les cultivateurs laissent leurs vaches tout l'hiver, au moins la moitié du jour, sur les terres qui doivent être semées en sarrasin. Lorsque la saison des pluies est arrivée, ces animaux pétrissent le sol comme un mortier, et il se durcit aux premières sécheresses du printemps. Alors les mottes de terre, dures comme des pierres, ne peuvent être brisées qu'à coups de masses.

Cette pratique de tenir les animaux sur les champs pendant tout l'hiver est une des plus vicieuses de la culture habituelle du pays, car les animaux ne trouvent qu'une maigre nourriture sur les terres qui leur sont ainsi abandonnées après la récolte de la deuxième céréale.

6.— Les mauvaises herbes ou plantes nuisibles sont celles qui croissent dans les récoltes malgré les soins de l'homme, et qui font tort à la végétation des plantes utiles. Elles sont de deux espèces : celles qui se reproduisent par leurs graines et celles qui se reproduisent par leurs graines et par leurs racines. Pour se débarrasser de celles qui se reproduisent seulement par leurs graines, telles que les moutardes sauvages, les ravenelles ou *russes*, le coquelicot, la mercuriale ou *remberge*, etc., on donne de fréquents labours qui facilitent leur germination; ensuite on les détruit au moyen des cultures données aux plantes sarclées ou par l'action des prairies artificielles, dont la croissance étouffe les parasites (1).

Pour faire périr les plantes qui se produisent à la fois par leurs graines et par leurs racines, telles que le chiendent, les agrostis ou éternues, l'avoine bulbeuse, dite *patenôtre*, les liserons, qu'on nomme communément *liornes*, etc., on emploie les mêmes moyens, et, en outre, les labours en temps sec.

Parmi les plantes sarclées, on peut regarder les pommes de terre et les betteraves comme les plus convenables pour détruire les mauvaises herbes, car, outre les binages et les sarclages répétés qu'on est forcé de donner, lorsqu'on veut en obtenir une récolte abondante, leur végétation vigoureuse et l'ombrage de leurs feuilles ne permettent guère aux autres plantes de se développer sur le terrain qu'elles occupent. Lorsque la culture de ces plantes est bien conduite, elle laisse le sol très-propre. Ainsi, vous avez vu dans les champs de l'Ecole que les mauvaises herbes, qui s'y trouvaient en quantité prodigieuse, ont presque disparu en entier après cette culture.

(1) Les graines de mauvaises herbes peuvent se conserver longtemps dans la terre, sans perdre leur faculté germinative, lorsqu'elles sont enfouies assez profondément pour se trouver hors du contact de l'air, ou lorsqu'elles sont renfermées dans de grosses mottes. Nous voyons aussi très-souvent le sol se couvrir de mauvaises herbes qui, pendant longtemps, ne s'étaient pas montrées, et qui se développent tout d'un coup lorsqu'elles sont ramenées à la surface du sol par un labour plus profond que le précédent ou par un ameublissement plus complet.

Quelques amendements, tels que la chaux, facilitent aussi la destruction des mauvaises plantes.

Notre température un peu humide et notre sol argileux favorisent la reproduction des mauvaises herbes; mais, plus que tout le reste, la culture vicieuse du pays contribue à les multiplier. Ce serait donc en vain que vous chercheriez à nettoyer vos terres avant d'avoir modifié l'assolement en usage.

7. — Les clôtures sont de deux espèces : sèches ou vives. Les premières sont peu durables et très-dispendieuses; les secondes sont composées de plusieurs arbrisseaux, et surtout d'aubépine ou épine blanche.

Pour se procurer de bon plant de celle-ci, on ramasse la graine en automne, on la met pendant tout l'hiver dans du sable humide et à l'abri du froid, puis l'on sème au printemps, sur une terre bien meuble et bien dressée, en lignes espacées d'environ 25 à 30 centimètres (1). On assure la réussite du semis en le recouvrant d'une légère couche de terreau de feuilles ou de tout autre terreau végétal. On sarcle et on bine les jeunes plants jusqu'à ce qu'ils soient assez forts pour être transplantés, ce qui a lieu vers la troisième ou quatrième année.

Lorsqu'on fait des fossés, on place, en faisant le talus, deux ou trois rangs d'aubépine, de manière que

_______________

1. En mettant la graine à stratifier dans le sable humide, elle lève souvent la première année. Sans cette précaution, elle ne lève que la deuxième année.

le premier se trouve au niveau du sol, le second au milieu et le troisième sur le haut (comme le fait voir la figure 1).

FIG. 1.

Par ce moyen, les haies sont beaucoup plus fournies que si on la plante sur un seul rang. Au bout de deux ou trois ans, lorsque la jeune haie est bien prise, on peut la receper (couper) au ras de la terre, afin de la faire garnir du pied. On taille ensuite ces haies, ou bien on les exploite comme bois de chauffage.

Un des soins les plus importants, c'est de préserver les jeunes haies de la dent du bétail.

L'ajonc épineux, que l'on emploie aussi comme fourrage, fait de très-bonnes haies. Elles croissent avec une grande rapidité, mais elles sont moins durables que celles d'aubépine. On doit semer l'ajonc en place, et non le transplanter.

On sème la graine au printemps, sur les talus des fossés, dans de petites rigoles de deux à trois centimètres de profondeur. Il est convenable, lorsqu'on veut avoir une haie bien garnie, de semer deux ou trois rangs d'ajonc, espacés l'un de l'autre d'environ 20 centimètres.

A la troisième ou quatrième année, on rabat les

2

jeunes plants au ras de la terre, afin de les rendre plus touffus.

Lorsque ces haies ont atteint une hauteur d'un mètre, on peut les tailler, ou bien on les coupe tous les cinq ou six ans, et l'on se sert du bois pour chauffer le four.

Les retailles des haies d'ajonc peuvent être avantageusement employées à la nourriture des animaux, qui en sont très-friands; on doit, avant de s'en servir pour cet usage, les piler pour briser les épines, comme nous le dirons lorsque nous nous occuperons de l'ajonc-fourrage.

8. — On défriche de deux manières : en labourant tout simplement à la charrue, ou en faisant précéder le labour d'un écobuage. Dans le premier cas, les engrais et les amendements excitants, tels que la chaux, les cendres, le noir animal, les phosphates et les fumiers de cheval, conviennent beaucoup, parce que ces substances tendent à ramener à l'état d'humus doux l'humus souvent astringent ou acide que l'on rencontre presque toujours dans les landes. J'insisterai surtout sur l'emploi des amendements calcaires : sans leur secours, la plupart de nos landes, dépourvues de cet élément, se maintiennent difficilement en état de culture.

Lorsqu'on veut écobuer, on enlève avec une large houe la surface du sol; on laisse sécher, et ensuite on dispose les croûtes de gazon en forme de petits fourneaux, en ayant soin de placer en dedans le côté qui

est couvert d'herbes sèches : on met le feu à ce fourneau, et lorsqu'il est bien allumé, on en bouche
l'entrée.

Cette opération a des effets très-avantageux dans
les terres argileuses et compactes ou tourbeuses ; mais
elle est presque toujours nuisible dans les terres sablonneuses, et surtout sur les calcaires, parce que l'humus,
étant combustible, se trouve détruit. L'action de la
cendre qui en provient se fait fortement sentir dans
les premières années, mais elle est de courte durée (1).
Les plantes réussissant le mieux sur les défrichements
sont : le sarrasin, toutes les crucifères, telles que navets,
choux, colza, etc. ; parmi les céréales, le seigle et
l'avoine.

9. — Les défrichements qui se font auprès d'une
exploitation déjà en activité sont beaucoup plus faciles
et moins dangereux à entreprendre, parce qu'on a plus
de ressources.

Mais, si vous tentez le défrichement des landes sur
lesquelles vous ne trouvez ni maisons, ni terres labourées, il vous faut d'avance un fort capital, c'est-à-dire
une grande somme en argent, ou beaucoup d'engrais,
de bestiaux, d'instruments, etc., car les défrichements
ne compensant que dans un temps fort éloigné les
frais qu'ils ont coûtés, on doit les considérer comme

---

(1) Les terrains trop pauvres pour produire des récoltes
peuvent être avantageusement semés en arbres résineux, tels
que pins maritimes, silvestres, etc.

le dernier effort d'une agriculture perfectionnée. On peut encore se créer un point d'appui, en défrichant d'abord une petite étendue, autour de laquelle viendront se grouper tous les autres défrichements, lorsque ce premier terrain cultivé pourra nourrir du bétail et fournir quelques ressources.

Le résultat trop ordinaire des défrichements, dans un pays où les cultures établies laissent autant à désirer qu'en Bretagne, est le retour inévitable à l'état de landes. Il faut, avant de faire de telles entreprises, produire une assez grande quantité d'engrais pour maintenir en état de fertilité les terres déjà en rapport, et en outre assurer aux terres nouvellement défrichées les engrais et les fourrages nécessaires à leur entretien.

# TROISIÈME LEÇON.

## Amélioration des Terres.

SECOND MOYEN.

## Amendements.

1. — Le deuxième moyen d'améliorer les terres consiste dans l'emploi des amendements et des engrais nutritifs. Les amendements les plus ordinaires sont la marne, la chaux et le plâtre.

2. — La marne est une substance terreuse, principalement composée de calcaire (carbonate de chaux) et d'argile; ces deux matières terreuses sont intimement liées, et leur liaison est tellement parfaite, que nous ne pourrions imiter cette combinaison de la nature en mélangeant du calcaire et de l'argile.

Si l'on met un échantillon de marne dans un vase rempli d'eau, elle s'y délaie comme l'argile, et elle bouillonne dans les acides comme le calcaire. Sa couleur est très-variable; cependant la blanche est la plus commune. Son état est aussi très-variable; on la rencontre tantôt sous forme de poudre, tantôt en pierres ou en pâte, mais toujours ayant la propriété de se déliter à l'air et dans l'eau, comme la chaux.

La marne agit de deux manières : 1° elle modifie la composition du sol en lui donnant de la liaison, ou en le divisant, suivant que l'argile ou le sable s'y trouvent en plus ou moins grande quantité ; 2° elle favorise la décomposition des matières que le sol renferme, et qui seraient nutritives pour les plantes, si elles ne se trouvaient dans une espèce d'état d'inertie ; aussi convient-elle beaucoup dans les défrichements (1). Toutes les marnes ne peuvent être employées sans choix ; par exemple, celles qui contiennent beaucoup d'argile conviennent moins aux terres argileuses que celles où la chaux domine, et réciproquement (2).

On rencontre la marne à différentes profondeurs. Lorsqu'elle est dure, on la laisse exposée à la gelée pendant un hiver, et quand elle est assez divisée, on la transporte sur les champs, où elle doit être étendue très-également.

Ses effets se font sentir pendant plusieurs années, et, en général, ils sont d'autant plus durables que la marne a été plus longtemps à agir.

Il est difficile de fixer la quantité de marne que l'on doit employer, parce que cette quantité dépend de la composition du sol et de celle de la marne ; mais, en général, il en faut d'autant moins qu'elle est plus cal-

(1) Le marnage est un moyen très-efficace pour la destruction des plantes nuisibles.

(2) On s'assure de la composition de la marne par les mêmes moyens que nous avons indiqués pour l'analyse des terres.

caire. D'un autre côté, les terrains compactes et humides en supportent une plus grande quantité que ceux qui sont plus légers.

La quantité à employer par hectare peut varier de 60 à 150 mètres cubes.

La marne n'est point commune dans notre contrée; aussi l'emploi en est-il peu répandu.

Je vous engage à faire l'essai de toutes les terres qui vous offriraient quelque apparence de cette matière terreuse, car une pareille découverte doublerait de valeur l'exploitation où vous la feriez.

Dans les départements de la Sarthe, de Maine-et-Loire, d'Indre-et-Loire, de la Mayenne, etc., on rencontre différentes sortes de marnes, qui rendent de grands services à l'agriculture; mais l'emploi de cette substance si utile peut avoir de funestes résultats. Souvent les cultivateurs peu éclairés font produire à leur sol, au moyen de la marne, un grand nombre de récoltes sans fumier; par ce moyen, ils épuisent complétement leur terre, car la marne, n'étant qu'un amendement, ne peut remplacer le fumier.

La chaux aurait les mêmes inconvénients, et son usage immodéré serait encore plus fâcheux.

Ainsi, les matières calcaires, sources de fécondité et de richesses, peuvent devenir une cause de ruine.

Les cultivateurs des pays où l'on emploie la marne disent que le *marnage enrichit le père et ruine les enfants;* ils devraient ajouter : *lorsque le marnage est fait sans discernement.*

J'insère ici, à l'appui de ce qui vient d'être dit, un mémoire de M. de Lorgeril sur l'emploi du calcaire (1) :

« Les matières calcaires que j'emploie pour l'amélioration de mes terres sont de même nature que celles que vous trouvez près de Rennes, dans les communes de Saint-Grégoire, Bruz et lieux environnants. Elles proviennent d'anciens dépôts marins qui, dans mon voisinage, s'étendent sur une surface de deux à trois mille hectares, non loin de la rivière de Rance, dans les communes de Tréfumel, Saint-Juvat, le Quiou et Evran. On les trouve déposées par couches parallèles, alternatives, diversement inclinées. Le plus ordinairement, les couches de pierres, tantôt fort dûres, tantôt extrêmement friables, sont séparées par des couches de sable composé de débris de coquilles brisées, au milieu desquelles on rencontre des dents de squales très-bien conservées, des coquillages entiers, et surtout des pointes d'oursin en quantité prodigieuse. Ce sable est souvent mêlé d'argile et de cailloux roulés quartzeux et schisteux, et perd sa qualité fertilisante en raison de l'abondance de ces matières.

» Les débris de coquilles, et particulièrement les pointes d'oursin, présentent dans leur cassure des

(1) Les nombreux travaux de ce savant agriculteur sont assez connus des cultivateurs pour qu'on leur accorde tout l'intérêt qu'ils méritent.

Je me suis donc abstenu de faire un extrait du mémoire de M. de Lorgeril, convaincu que ce mémoire lui-même valait beaucoup mieux que ce que j'aurais pu faire.

parties luisantes et nacrées qui me font supposer la présence de quelques portions de phosphate de chaux. Je serais porté à attribuer à cette substance les effets prodigieux que ce sable exerce quelquefois sur la végétation.

» Les analyses que j'ai faites et fait faire ont donné des résultats fort différents. Les plus ordinaires fournissent sur 100 parties :

> 64 carbonate de chaux ;
> 31 alumine et gravier ;
> 5 eau.

> 100

» Quelques riches échantillons, traités par l'acide muriatique, contenaient jusqu'à 85 pour 100 de parties solubles.

» Si vous désiriez, par vous-même ou par vos amis, refaire ces analyses avec plus de précision, je m'empresserais de vous envoyer tous les échantillons que vous pourriez désirer.

» Je n'entrerai point dans le détail des nombreuses expériences que j'ai faites, pour déterminer le meilleur emploi de cet amendement. Je le répands actuellement sur mes terres, à raison de cinquante mètres cubes par hectare. Le sol se trouve ainsi recouvert d'une couche de cinq millimètres d'épaisseur. Les effets de l'amendement, dans l'usage ordinaire, ne commencent à se bien faire sentir que vers la troisième année, lorsque le sable est complétement mêlé avec la terre.

On peut rapprocher ce terme au moyen de labours et de hersages répétés, ou par des cultures sarclées, et particulièrement par celle des pommes de terre, qui prépare parfaitement la terre pour recevoir au printemps suivant de la paumelle et du trèfle.

» Les effets de cet amendement sont plus ou moins sensibles, suivant la nature des terres. Il convient surtout à celles qui produisent abondamment la digitale et le chrysanthème des blés. Leur *produit net* est ordinairement doublé, quelquefois triplé, et, de plus, elles acquièrent des qualités qu'elles n'avaient pas, en devenant propres à la culture du trèfle et des légumineuses, qu'il eût été impossible de faire réussir sans ce moyen.

» L'effet de l'amélioration se soutient pendant dix ou douze ans. Il décroit ensuite jusque vers la vingtième année, où il n'en reste plus guère de traces.

» Les pierres qui se trouvent mêlées au sable peuvent être converties en chaux, qui fournit un très-bon amendement dont l'effet dure trois ans.

» Tels sont les procédés que j'ai introduits dans le pays, et qui sont généralement suivis, non seulement par mes fermiers, mais par les nombreux cultivateurs qui emploient le sable calcaire. Dans ma pratique personnelle, j'ai dû m'en écarter un peu. Mes carrières me fournissent une grande quantité de pierres riches en matières calcaires, dont je ne pouvais trouver l'emploi ; j'ai établi une usine pour les broyer. J'en obtiens une poussière très-fine, beaucoup plus pure que le sable des carrières, qui contient toujours un peu d'argile et de gravier. Je répands cette poussière sur la terre avec une régularité parfaite, au moyen d'une machine appropriée à cet usage; et trente-deux mètres cubes de cette pierre broyée me paraissent produire autant d'effet que cinquante mètres cubes de sable. Cependant, comme il y a moins de matière calcaire employée, il est possible que l'amendement dure moins longtemps. C'est ce que le temps nous apprendra. »

Le calcaire qu'employait M. de Lorgeril n'est pas de la marne proprement dite, mais les effets en sont les mêmes.

Depuis 1841, époque à laquelle cette note a été écrite, plusieurs gisements de calcaire ont été exploités dans le département, et on apprécie maintenant cet amendement, si précieux pour notre pays.

Espérons qu'on n'en abusera pas.

3.—La chaux, qui est du calcaire qu'on a fait cuire, est aussi employée avec avantage en agriculture. Son action est très-excitante, et convient particulièrement aux terres tourbeuses et aux terres argileuses, qui contiennent peu de calcaire.

L'action de la chaux est d'autant plus forte qu'elle trouve dans le sol plus de matières nutritives à dissoudre, parce que c'est plutôt comme dissolvant qu'elle agit que comme substance nutritive, quoique les plantes en aient besoin d'une certaine quantité pour leur organisation, puisqu'elles en contiennent toutes plus ou moins.

Dans les terres nouvellement défrichées, où il se

trouve une grande quantité de matières à décomposer et d'humus insoluble, la chaux produit souvent des effets remarquables.

La chaux, qui doit être regardée comme un des plus puissants moyens d'amélioration du sol, peut aussi, lorsqu'elle est employée avec profusion, détruire en entier sa fertilité. En effet, l'action décomposante de la chaux permettant aux plantes de s'emparer facilement de l'humus qui existe dans la terre, celle-ci se trouverait promptement privée de cette substance, si le cultivateur ne réparait ses pertes au moyen des engrais véritablement nourrissants.

On emploie la chaux de différentes manières : les deux plus simples et les plus usitées consistent à déposer la chaux vive en petits tas sur le champ que l'on veut amender et à la recouvrir de terre ; lorsqu'elle est bien éteinte, c'est-à-dire une huitaine de jours après, on mélange la terre et la chaux ; ensuite, après avoir remué le tout encore une ou deux fois, on étend le mélange par un temps sec.

Il est important que la chaux soit répandue bien également et que la pluie ne survienne pas avant qu'elle ait été enfouie par un léger labour.

L'autre méthode consiste à mettre la chaux en gros tas dans les *forrières*, et à la recouvrir de gazons avec lesquels on la mélange ensuite deux ou trois fois.

Lorsque l'on n'est pas trop pressé, cette dernière pratique est préférable, parce que l'action décomposante de la chaux, agissant sur les matières végétales qui se trouvent dans les gazons, procure au sol des matières nourrissantes (1).

On peut, au moyen de la chaux vive, réduire à l'état de terreau une grande quantité de matières végétales, telles que des bruyères, des feuilles, des mousses, les mauvaises herbes ramassées dans les champs. Mélangée aux vases des fossés, des mares, des étangs, elle les transforme en terreaux très-fertilisants.

Il faut de vingt à trente barriques par hectare (46 à 69 hectolitres).

On doit choisir la chaux la moins argileuse; ainsi, celle qui est blanche et légère est ordinairement préférable à celle qui est grise et dure.

4. — La vase de mer et le sable sont aussi employés comme amendements; ils agissent sur le sol par les parties calcaires et salines qu'ils contiennent.

La tangue produit surtout de très-bons effets dans les terres argilo-siliceuses.

Mais, comme tous les autres amendements, la tangue et le sable de mer ne dispensent pas de fumer, et il faut éviter de les employer trop abondamment.

5. — Le plâtre (sulfate de chaux) excite la végétation, mais il doit être appliqué sur les feuilles. Du reste,

---

(1) Il est toujours très-important de ne pas remuer les tas de chaux vive par un temps pluvieux : car on s'exposerait à former un mortier difficile à étendre également sur le sol, et dans cet état la chaux produirait beaucoup moins d'effet.

il ne produit guère d'effet que sur les plantes de la famille des légumineuses (1).

On l'emploie cuit ou non cuit et réduit en poudre fine; la quantité à semer par hectare est de trois à quatre hectolitres.

Lorsque les plantes couvrent le sol, on sème le plâtre par un temps humide, ou le matin après une forte rosée, afin qu'il s'attache aux feuilles (2).

Il produit en général moins d'effet sur les terres humides et compactes que sur celles qui sont plus sèches.

C'est probablement pour cette raison que les essais que nous faisons depuis longtemps n'ont eu que de faibles résultats. Il est à supposer qu'on en obtiendrait de très-satisfaisants sur les terres moins fortes que les nôtres; ce sont de petits essais que vous devrez tenter dans les localités où vous vous trouverez.

6. — Les cendres, les urates (*chaux mélangée à l'urine*) surtout sont considérés comme des amendements; cependant ils agissent aussi comme des engrais nutritifs.

Les cendres lessivées ou non lessivées produisent un

1) On appelle ainsi des plantes dont la fleur a la forme du papillon et dont les graines sont le plus souvent renfermées dans une *gousse* ou *cosse* plus ou moins allongée; tels sont : les haricots, les pois, les fèves, la luzerne, le sainfoin et aussi le trèfle, etc. On ne doit pas les confondre avec celles que l'on appelle ordinairement *légumes*, comme les oignons, les choux, les carottes, etc., qui appartiennent à d'autres familles.

2 Il est très-essentiel, comme nous venons de le dire, que le plâtre s'attache aux feuilles des vesces, des trèfles, des luzernes, etc.; sans cela, ses effets sont fort peu marqués.

bon effet sur les prairies, et encore mieux sur les trèfles ; elles conviennent aussi aux cultures de printemps ou d'été, telles que celles du sarrasin, du froment de printemps, de l'orge, etc. On en met 20 à 30 hectolitres par hectare.

7. — Les urates ont une action à la fois nutritive et excitante ; ils conviennent bien au printemps, pour ranimer la végétation des plantes qui paraissent souffrantes.

8. — Le noir animal est un résidu, c'est-à-dire une espèce de *marc* provenant des raffineries de sucre, et composé en partie de charbon d'os ; son action est nutritive et excitante ; il produit un très-bon effet sur les terres nouvellement défrichées.

Le noir animal est employé maintenant en grande quantité dans notre pays ; malheureusement, le mélange et les fraudes de toute nature ont détruit la confiance qu'on avait dans cet engrais (1), d'ailleurs si précieux pour un commencement d'exploitation, surtout lorsque les voies de communication sont difficiles.

Six hectolitres de bon noir animal suffisent pour un hectare.

Comme tous les amendements et engrais en poudre fine et employés en petite quantité, le noir animal doit

___

(1) Lorsque l'on met du noir animal sur une pelle rouge, on reconnaît facilement, à l'odeur de la fumée qui s'en échappe, s'il a été fraudé avec de la tourbe ou avec de la suie, et, lorsqu'il n'y a pas trop de mélange, ce qui reste sur la pelle après la combustion doit se dissoudre presqu'en entier dans de l'acide hydrochlorique étendu d'eau.

être répandu très-également, par un temps plutôt sec qu'humide , et mélangé à la surface du sol au moyen de hersages ou de labours superficiels. Il convient surtout aux plantes qui n'occupent le sol que très-peu de temps et qui, par conséquent, ont besoin d'absorber très-promptement les parties fertilisantes.

Les os broyés et les phosphates fossiles sont aussi de puissants amendements. Ils donnent de la solidité aux tiges des plantes, augmentent la qualité des graines et complètent, en quelque sorte, l'effet des engrais.

# QUATRIÈME LEÇON.

## Suite de l'amélioration des Terres.

———

### SECOND MOYEN.

### Engrais.

1. — Les engrais nutritifs sont de deux sortes : végétaux et animaux. Les engrais végétaux sont les feuilles et débris de plantes et les récoltes enfouies en vert. Leur action est moins prompte et moins énergique que celle des engrais animaux, qui contiennent une bien plus grande quantité de matières nutritives.

### *Engrais végétaux.*

2. — Lorsque les fumiers ne sont pas abondants dans une exploitation, ou que le transport en devient trop dispendieux, on sème des plantes dont la culture exige peu de frais, et lorsqu'elles sont en pleine floraison, on les enterre à la charrue, sur le sol même qui les a produites.

Par ce moyen, les feuilles et les tiges des plantes, en se décomposant, ameublissent le sol et forment un engrais durable. Le sarrasin, le colza, le seigle, le trèfle, etc., conviennent beaucoup pour cet usage (1).

Je vous recommande particulièrement l'enfouissage de la dernière coupe de trèfle pour votre froment d'hiver; c'est pour nos terres la **meilleure préparation** et aussi la plus économique (2).

Mais, pour obtenir un résultat satisfaisant, il faut enfouir le trèfle dans la première année de produit, et non le laisser s'user **complétement** pendant trois ou quatre années, comme on le fait habituellement, car alors ce n'est plus un trèfle, c'est un véritable friche rempli de mauvaises herbes.

Le trèfle incarnat enfoui serait une bonne préparation pour le sarrasin, qui, dans la culture du pays, sert lui-même de préparation pour le froment.

Nous avons fait des pommes de terre sur un trèfle incarnat rompu par un labour, et vous avez vu que les résultats ont été très-satisfaisants.

Ces enfouissements offriraient de grandes ressources dans les fermes où l'on ne peut se procurer d'engrais,

(1) Les plantes peu exigeantes sur la fertilité du sol, d'une croissance rapide et dont les graines sont d'un prix peu élevé, doivent presque toujours être préférées.

(2) Il faut éviter avec le plus grand soin de faire cette opération par un temps humide. J'ai remarqué qu'alors le trèfle ne se décompose pas d'une façon convenable pour la végétation du froment qui lui succède, surtout dans les sols argileux.

Si l'on peut rompre le trèfle par un temps sec, pour passer un fort rouleau avant de semer, la réussite du froment est plus assurée.

si l'on pouvait vaincre l'incroyable aversion de nos cultivateurs pour ces opérations.

Les végétaux enfouis en vert ne pourraient pas suffire
seuls à l'engraissement continuel du sol; il faut y ajouter
des fumiers animalisés, tels que ceux d'étable, et ne
considérer ces récoltes vertes que comme des auxiliaires
utiles.

C'est surtout dans les terres sèches et sablonneuses
que ces engrais produisent de bons effets, car il les rafraî-
chissent en quelque sorte.

Dans les terres où l'on a employé pendant longtemps
une grande quantité d'engrais d'étable, on obtient de
très-bons résultats en faisant alterner les fumiers proprement dits avec les enfouissements végétaux et les
amendements.

Le genêt enterré à l'époque de la floraison produit de
très-bons effets; on l'emploie aussi après l'avoir fait
pourrir en foulage dans les cours, ou en le mélangeant
aux fumiers d'étable.

3. — Les feuilles des arbres ne forment pas un très-
bon engrais, quelques-unes contenant des principes nuisibles à la végétation. Il est plus avantageux de les
employer comme litière, car lorsqu'elles ont été mouillées par les excréments et les urines, et lorsque la fermentation s'est établie, les principes nuisibles n'existent
plus. Les matières calcaires produiraient aussi un bon
effet.

Le varech, comme toutes les plantes marines, est un
engrais plus actif que les plantes terrestres ; sa décom-

position est très-prompte, et on peut l'employer aussitôt qu'il a été récolté. Malheureusement, nos côtes seules peuvent profiter de cet excellent engrais.

La chaux, comme nous l'avons déjà dit, offre un puissant moyen de réduire à l'état de terreau les végétaux d'une décomposition lente, tels que ceux qui se trouvent dans les gazons et même les feuilles des arbres.

### Fumiers proprement dits.

4. — Les fumiers proprement dits, dont l'emploi est le plus général, sont composés d'excréments des animaux et des matières végétales, ou litières, dont on se sert le plus ordinairement pour les recueillir.

Ces fumiers d'étable sont plus ou moins actifs; ceux des chevaux et des bêtes à laine sont bien plus chauds que ceux des bêtes à cornes : aussi les premiers conviennent-ils mieux dans les terres compactes et froides, et les derniers dans les terres sablonneuses, calcaires ou chaudes.

Lorsqu'on a des terres d'une consistance moyenne, il est avantageux de mélanger les fumiers des différents animaux; par ce moyen, la fermentation (1) trop rapide des uns accélère celle des autres, et se trouve elle-même convenablement modifiée.

—

(1) *Fermenter*, bouillir, se décomposer avec ou sans chaleur. Le cidre et le vin fermentent en bouillant, la pâte en levant, et le fumier en pourrissant.

5. — De tous les engrais, les fumiers d'étables sont les plus avantageux ; les autres ne peuvent être regardés que comme accessoires, et c'est toujours sur les premiers que le cultivateur intelligent doit porter toute son attention.

Si les animaux de différentes espèces produisent des engrais de qualités différentes, les fumiers provenant des animaux bien ou mal nourris offrent aussi de grandes variations dans leur valeur nutritive.

6. — La quantité et la qualité des fumiers dépendent : 1º de la quantité de fourrage consommé ; 2º de la nature de la litière et de la manière de l'employer ; 3º de leur bonne manipulation.

Le bétail bien nourri donne une plus grande quantité de fumier et meilleure en qualité que le bétail mal nourri. La litière faite de paille des céréales, employée en assez grande quantité, sans profusion, se convertit en très-bon engrais, lorsqu'elle a été mouillée par les excréments ou les urines.

La manière dont les fumiers sont traités peut augmenter considérablement leur quantité et leur qualité (1).

Ce n'est donc pas de la quantité du bétail entretenu sur une ferme que dépend le volume ou la qualité du fumier, mais bien de la masse et de la qualité de la nourriture consommée par les animaux.

---

(1) En voyant les fumiers d'une exploitation, on peut presque juger, d'après la bonne ou la mauvaise disposition de ces fumiers, si celui qui dirige la ferme est actif et intelligent, ou s'il est négligent et sans intelligence.

Les animaux nourris à l'étable produisent aussi une plus grande masse d'engrais que ceux qui sont la plupart du temps au pâturage, et qui, par conséquent, perdent une bonne partie de leurs excréments.

7. — Le fumier des bêtes à cornes est, comme nous l'avons dit, un fumier plus froid que celui de cheval et de mouton ; il a aussi des qualités qu'on ne rencontre pas dans les autres fumiers : 1° il se maintient long-temps dans le sol ; 2° il exerce une action toujours uniforme ; 3° il peut mouiller une grande quantité de litière ; 4° il est convenable à presque toutes les cultures.

8. — Le fumier de cheval est très-nourrissant, très-chaud, très-énergique, se décompose promptement, exige proportionnellement une moins grande quantité de litière que le fumier des bêtes à cornes ; mais aussi son action est moins durable. Lorsqu'il n'est pas bien soigné, il perd promptement une grande partie de ses qualités fertilisantes.

9. — Le fumier de mouton est un des plus substantiels ; son action est moins durable que celle du fumier des bêtes à cornes, mais plus durable que celle du fumier de cheval ; il se mêle difficilement à la litière, et il faut une moindre quantité de celle-ci pour le recueillir que pour les autres fumiers.

10. — Le fumier de porc, moins énergique que celui de cheval et de mouton, est généralement regardé comme un mauvais fumier ; cependant, lorsqu'il est mélangé avec les autres engrais, la fermentation lui

enlève l'âcreté contenue dans l'urine des cochons. On peut l'employer avec avantage sur les prairies.

11. — Voici la manière la plus simple de travailler les fumiers : on les dispose sur un terrain entouré de petites rigoles, comme le fait voir la figure 2.

FIG. 2.

Ces rigoles aboutissent à une fosse destinée à recevoir les égouts du fumier, qui servent ensuite à arroser le tas. C'est la partie la plus active, et cependant la plupart des cultivateurs ignorants la laissent perdre et même en facilitent l'écoulement.

Lorsque le fumier est trop humide, on arrose les prairies (1) avec le jus qui s'y trouve en trop grande quantité, ou bien encore on peut le faire absorber par les balles des céréales ou par des feuilles, des balayures

(1) Le jus du fumier répandu sur les terres labourables produirait de très-bons effets; mais cet emploi présente quelques inconvénients, surtout pour la culture des céréales : 1° parce qu'il est difficile de le transporter sur les terres pendant l'hiver, époque où il est très-abondant, et 2° parce que cet engrais, difficile à répandre d'une manière uniforme, ferait verser les récoltes dans quelques parties, et ne leur donnerait pas assez de vigueur dans d'autres.

C'est donc sur les prairies que le jus de fumier convient le mieux.

de greniers ou bien par de la tourbe sèche. Par ce moyen, la fermentation se trouve accélérée dans ces matières, qui, en outre, reçoivent, par cette addition, une grande quantité de sucs fertilisants.

12. — Lorsqu'on arrose les prairies avec le jus du fumier, on se sert tout simplement d'une barrique montée sur un petit tombereau.

Cet appareil, peu dispendieux, puisqu'on a partout des tombereaux, devrait faire partie du matériel de toutes les exploitations.

Dans les fermes d'une certaine étendue, on emploie avec grand succès un tombereau spécial qui répand très-uniformément les engrais liquides. Nous faisons usage de cet appareil depuis quelque temps, et nous en obtenons un service parfait (fig. 3).

FIG. 3.

Il faut avoir bien soin d'étendre très-exactement le fumier sur le tas, et de ne pas le jeter çà et là, comme on le fait dans presque toutes nos exploitations rurales, où il est déposé au hasard à la porte de l'étable, et même à celle de l'habitation. Cette mauvaise pratique est tout-à-fait préjudiciable à la santé des hommes et des animaux, et nuisible à la qualité du fumier, dont la fermentation ne s'opère qu'imparfaitement et inégalement.

Il est, du reste, fort avantageux que les fumiers des animaux de différentes espèces soient mélangés.

Lorsque le fumier d'étable est placé dans une fosse où l'humidité est très-grande, la partie inférieure qui est dans l'eau se décompose mal, c'est-à-dire ne pourrit pas.

Lorsqu'il est trop sec et qu'on n'a pas la précaution de l'arroser, il brûle et blanchit : ces deux effets sont à éviter (1).

13. — Lorsqu'on emploie le fumier bien consommé, il agit très-promptement ; mais ses effets sont moins durables, et, en outre, le fumier, pour arriver à l'état de décomposition un peu avancée, perd beaucoup de son volume et des parties fertilisantes qu'il contient. En disposant le fumier en tas, comme nous l'avons dit, la fermentation s'établit très-également, et l'on peut transporter les fumiers sur les champs à un degré de décomposition convenable pour la culture de chaque plante. Quelques récoltes s'accommodent mieux de fu-

---

(1) Le fumier de cheval, dont la fermentation est très-active, exige des arrosements plus fréquents que celui des bêtes à cornes, qui est naturellement plus humide.

miers frais : par exemple, les pommes de terre; et d'autres de fumiers bien consommés : par exemple, la betterave. Mais nous conseillons toujours de l'employer, lorsqu'on le peut, aussitôt que la fermentation s'est bien établie dans toute la masse.

### *Engrais animaux et Poudrette.*

14. — Les excréments humains desséchés et réduits à l'état de poudrette ont une grande énergie; mais on perd beaucoup de principes fertilisants dans cette opération. Il est donc plus avantageux de faire absorber toute l'humidité qu'ils contiennent au moyen de tan desséché, lorsqu'il n'est plus propre au tannage des cuirs, de charbon réduit en poudre fine, de résidus de fourneaux à charbon ou tout simplement de terre sèche.

15. — Le charbon broyé sert aussi à faire du noir animalisé, en y ajoutant le sang des boucheries, les boyaux hachés et même la chair des animaux crevés.

En les coupant en pièces et en les enfouissant au pied des pommiers, partie importante de nos exploitations, on tirerait un parti avantageux des bestiaux que l'on aurait le malheur de perdre. Aucun engrais n'égale l'activité de ces débris animaux.

Les chiffons de laine sont des engrais animaux des plus actifs et des plus durables.

La fiente des volailles est aussi très-fertilisante. Quoiqu'on ne puisse se la procurer qu'en petite quantité, il faut la recueillir avec soin.

16. — Le guano, que l'on trouve abondamment au Pérou, et qui a été reconnu provenir d'anciennes déjections d'oiseaux de mer, est un engrais dont les effets remarquables ont été prouvés par des essais très-nombreux et dans des localités différentes.

Un grand nombre d'agriculteurs ayant constaté ces essais, il serait inutile de les rappeler ici; nous dirons seulement que le guano est l'engrais en poudre le plus énergique que nous connaissions, et nous leur donnerons quelques indications sur la manière de l'employer.

On trouve dans le guano, qui est une poudre jaune rougeâtre, des mottes plus ou moins grosses qui ont besoin d'être pulvérisées avant d'être répandues sur le sol : il est donc nécessaire de le broyer et de le passer à travers un crible.

La quantité qu'il convient d'employer, pour obtenir une bonne récolte, doit varier suivant la nature de la terre et l'état où elle se trouve à l'instant où l'on sème le guano. En général, il en faut une plus grande quantité dans les terres argileuses et humides que dans les terres légères et sèches.

Dans nos essais, nous avons employé de 200 à 300 kilogrammes par hectare. Nous croyons, du reste, pouvoir assurer que 50 kilogrammes de guano *pur* produiront toujours des effets beaucoup plus marqués que la quantité que l'on aurait pour le même prix de noir animal, de cendres, de poudrette ou d'autres engrais pulvérulents.

On sème le guano sur les prairies naturelles dans le

courant de mars, et sur le froment, l'orge, l'avoine, le sarrasin, le maïs, les vesces, le lin, le chanvre, etc., avec les graines de ces plantes, c'est-à-dire qu'on l'enterre par le même trait de herse et de charrue, en ayant soin de semer d'abord le guano et ensuite les graines; car, en le mêlant avec les graines, il détruit quelquefois leurs propriétés germinatives. **Pour les** froments, il est bon de ne mettre en le semant que la moitié du guano que l'on veut employer, et de semer le reste en mars ou dans les premiers jours d'avril, lorsque l'on herse le froment. Par ce moyen, la végétation se soutient mieux et la récolte est plus assurée.

S'il ne fait pas de vent, on peut semer le guano pur; quand le temps n'est pas calme, on doit le mélanger avec deux ou trois fois son volume de terre bien pulvérisée. La semaille se fait ainsi plus uniformément, et l'on n'est pas exposé à voir les parties les plus déliées du guano emportées par le vent.

Lorsqu'on veut l'appliquer directement au pied des choux, des betteraves, des rutabagas, du colza, etc., en les transplantant, il faut mélanger l'engrais avec une grande quantité de terre, parce que son action trop énergique pourrait détruire les jeunes plantes.

Il ne convient pas de mélanger le guano, pour en faire des composts, avec des terreaux ou autres matières susceptibles de fermenter, car la fermentation lui fait perdre beaucoup de ses principes fertilisants, qui s'exhalent dans l'air en pure perte.

En général, l'action des engrais tirés des animaux est toujours prompte.

La culture des prairies artificielles et des récoltes-racines est le moyen le plus assuré de faire une grande quantité de fumier.

C'est à augmenter la production des engrais que doivent s'exercer tout le talent et toute l'activité du cultivateur; c'est de là que dépend le succès de l'entreprise.

Vous n'aurez jamais, je ne dis pas trop, mais assez de fumier. Fumez fortement, labourez en proportion, c'est le grand secret de l'agriculture.

Défiez-vous surtout de ces raisonneurs qui prétendent cultiver sans engrais, car tôt ou tard vous en serez la dupe.

# CINQUIÈME LEÇON.

## Instruments et Labours.

1. — On emploie pour cultiver la terre différents instruments.

Nous les diviserons en deux classes : 1° ceux qui remuent le sol à une grande profondeur et agissent à la manière des charrues; 2° ceux qui ameublissent le sol à la surface, le débarrassent des mauvaises herbes et fonctionnent à la manière des herses.

### *Charrues.*

2. — La charrue est l'instrument le plus utile et le plus employé en agriculture; aussi nous dirons d'abord un mot du travail qu'elle doit faire, afin de juger facilement de la forme la plus propre à exécuter convenablement ce travail.

3. — Dans un bon labour, la bande de terre doit être détachée parallèlement à la superficie du sol, et verticalement, de manière à former un angle droit avec le côté non labouré.

Cette bande de terre doit être déposée sur le côté, de manière à présenter à la herse des arêtes faciles à déchirer, et aussi afin que, reposant sur les arêtes opposées, la bande de terre puisse se briser en s'affaissant pour remplir les espaces restés vides ; la figure 4

FIG. 4.

donnera une idée juste de cette disposition.

Si, au contraire, la bande enlevée était complétement retournée, comme elle reposerait sur toutes ses parties, elle ne pourrait que fort difficilement être déchirée par la herse, et n'éprouverait point l'ameublissement qui doit résulter de son affaissement quand elle a été seulement relevée sur le côté.

La charrue doit donner ce résultat avec le moins de tirage possible.

4. — Les labours s'exécutent à plat, en planches ou grands billons et en petits billons.

Les labours à plat sont les plus parfaits, mais ils ne sont praticables que dans les terrains secs, et dans ceux qui ont été rendus perméables par le drainage ou les défoncements.

Les planches ou larges billons de 3 à 4 mètres peuvent être exécutées avec succès presque partout, et elles sont préférables aux petits billons sous beaucoup de rapports.

Les petits billons, qui sont composés de quatre à six bandes de terre, laissent dans leur milieu un intervalle non labouré. On pourrait en juger en enlevant toute la terre remuée ; on trouverait alors au-dessous une suite d'autres petits billons non labourés, comme dans la figure 5.

FIG. 5.

En outre, la majeure partie de la terre végétale se trouvant rassemblée sur le haut du billon par l'effet de l'*enrayure* (1), les plantes qui s'y trouvent poussent vigoureusement, et celles qui sont placées dans le fond de la raie ou *dérayure* sont chétives et misérables, parce qu'elles ne trouvent pas assez de terre végétale où puiser les sucs nutritifs dont elles ont besoin. Ce genre de labour en petits billons ne convient guère que lorsque le sol a très-peu de profondeur, et qu'on est obligé de rassembler deux bandes de terre sur le même point, pour fournir assez de terre aux plantes que l'on veut cultiver.

Un autre inconvénient des billons vient de la grande quantité d'eau qui s'accumule au fond de chaque raie, et remonte jusqu'aux racines des plantes, qu'elle entretient dans une trop grande humidité. La gelée a aussi plus de prise sur les billons, où la neige ne tient que difficilement.

5. — Dans les charrues perfectionnées, le *coutre* tranche perpendiculairement la bande de terre; sa pointe doit marcher en avant du soc et frayer le chemin

---

(1) On nomme *enrayure* ou ados les deux premières bandes de terre appuyées l'une contre l'autre, et *dérayure* le sillon creusé par la charrue, lorsqu'on termine une planche ou un billon.

à la charrue; lorsqu'il est incliné en avant, il entre mieux dans la terre. Il doit être placé dans le même plan vertical que le côté gauche de la charrue.

Le *soc* tranche la bande de terre horizontalement; sa lame ou aile doit être proportionnée à l'écartement du versoir; il est en fonte ou en fer, avec une pointe en acier.

Le *versoir* ou *oreille*, ou encore *épaule*, sert à retourner la bande de terre coupée verticalement par le coutre, et horizontalement par le soc : ils sont plus ou moins contournés; plus ils sont longs, moins ils brisent la terre. Les versoirs en fonte ou en fer sont les plus commodes, surtout les premiers, parce qu'ils conservent toujours leur même forme.

Le *sep* ou *semelle* glisse sur la terre; lorsque cette pièce est trop longue, le frottement est plus considérable, mais l'instrument a plus d'aplomb; la semelle doit être au moins aussi longue que le versoir.

Le *régulateur* sert à régler l'entrure de la charrue et à modifier la largeur de la raie. Sa forme est très-variable; dans les charrues à avant-train, on prend plus ou moins de profondeur, en abaissant ou en relevant l'âge sur l'essieu; les araires prennent plus ou moins de terre, quand on relève ou qu'on abaisse le point de tirage.

L'*âge* est une pièce de bois qui supporte toutes les autres, qui sert à communiquer le mouvement aux pièces dont nous venons de parler, et dont l'ensemble forme le corps de la charrue.

Les *manches* servent à diriger l'instrument. Quelques charrues n'ont qu'un seul manche.

On remarque, en général, que les araires ou charrues sans avant-train (fig. 6)

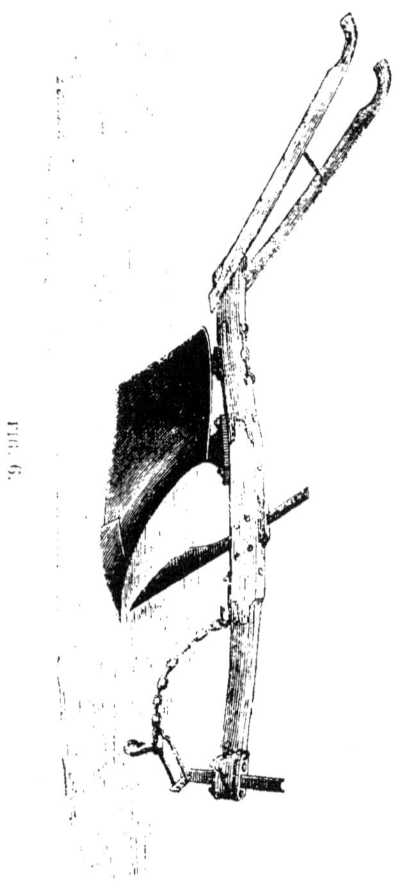


ont une véritable supériorité sur celles qui ont des roues; elles exigent moins de force, parce que la ligne de tirage est plus directe que dans les charrues à avant-train, où elle *dévie* plus ou moins; elles sont plus simples, se prêtent mieux à la volonté du conducteur, et peuvent labourer plus facilement un terrain inégal, sans changer le régulateur à chaque inégalité du sol; cependant elles exigent un peu plus d'attention de la part du laboureur.

6. — L'araire perfectionnée par M. de Dombasle est une des plus parfaites dans ce genre, et l'addition du petit soc américain est encore un perfectionnement qui donne à cet instrument une grande supériorité sur beaucoup d'autres. Toutes les pièces en fonte peuvent se remplacer facilement, au moyen de boulons, et l'on a en outre l'immense avantage d'obtenir des charrues toutes semblables, lorsqu'elles sont coulées sur le même modèle.

7. — Voici la manière de faire fonctionner l'araire :

Pour faire entrer le soc dans la terre, on soulève les manches. Pour le faire sortir, ou prendre moins de profondeur, on appuie sur les manches.

Pour prendre plus de largeur de raie, on incline légèrement la charrue à droite, en appuyant sur le manche de ce côté.

Pour diminuer la largeur de la bande, on incline légèrement à gauche, en appuyant sur le manche gauche.

Cette charrue se règle au moyen du régulateur, pièce de fer en forme d'équerre, dont l'une des branches, percée de trous, glisse dans la mortaise du bout de l'âge, où elle est maintenue à telle ou telle hauteur au moyen d'une clavette.

Le labour est d'autant plus profond qu'on élève davantage le régulateur.

La longueur des traits d'attelage influe aussi sur le plus ou moins de profondeur du labour. S'ils sont trop longs, la charrue entre trop profondément dans le sol; s'ils sont trop courts, elle tend à en sortir.

L'autre branche du régulateur présente des dents qui servent à maintenir à telle ou telle distance de l'âge la maille allongée de la chaîne, selon qu'on veut porter le point de tirage plus ou moins à droite ou à gauche.

Cette branche horizontale du régulateur étant tournée du côté du versoir, on aura une bande d'autant plus large, qu'on engagera la maille allongée dans une dent plus éloignée de la branche verticale.

Par conséquent, on aura une bande d'autant moins large, qu'on engagera la maille plus près de cette même branche.

Si la maille dans la dent la plus rapprochée de cette branche donnait encore trop de terre, on tournerait le régulateur vers la gauche, et on engagerait la maille dans la première ou la seconde dent, etc., suivant le besoin.

On doit faire grande attention à placer la maille allongée de telle sorte que sa partie postérieure ne s'appuie pas sur le régulateur. Autrement, le tirage s'exercerait sur cette pièce, qui ne tarderait pas à se rompre ou à fléchir, peut-être même à briser le bout de l'âge.

Le coutre doit être éloigné de la pointe du soc d'environ la moitié de la profondeur qu'on veut donner au labour. Placé trop bas, il serait aisément tordu et ferait prendre de la bande. Il faut éviter de serrer trop fortement la vis de pression qui le maintient dans la coutellière; cette pièce rompt facilement lorsqu'on la tourne au moyen du manche de la curette, qui forme un énorme levier pour une vis relativement aussi faible.

Le soc doit être maintenu en bon état avec grand soin. Lorsqu'il est mal forgé, ou que la pointe vient à être émoussée, le tirage est nécessairement beaucoup plus fort, et la charrue s'use plus vite.

8. — La charrue sur avant-train se règle au moyen de l'avant-train et de la chaine de tirage (fig. 7).

FIG. 7.

Lorsqu'on veut prendre profondément, on avance la grande maille de la chaine vers l'extrémité de l'âge. Lorsqu'on veut un labour plus superficiel, on la recule.

En appuyant sur les manches, on augmente aussi la profondeur du labour. En soulevant les manches, on produit nécessairement l'effet contraire.

Si on incline la charrue à droite, on prend plus de raie, comme avec l'araire ; si on l'incline à gauche, on en prend moins.

La pièce de fonte placée sur l'avant-train peut être élevée ou abaissée au moyen de clavettes. Elle porte des *encochures* qui permettent de maintenir l'âge plus ou moins à droite ou à gauche, suivant qu'on veut prendre plus ou moins de bande.

9. — L'ancienne charrue de Bretagne avait un énorme avant-train ; son soc n'était point tranchant ; c'était une pointe qui déchirait la terre au lieu de la couper, et qui épargnait toutes les racines des mauvaises herbes. Son versoir n'était point contourné, mais il était très-long ; aussi la terre n'étant point ouverte par l'aile du soc pour frayer le passage à cet énorme versoir, on était forcé de pencher la charrue sur le côté gauche. Il résultait de cette disposition que la bande de terre n'étant point coupée verticalement, il restait de la terre non labourée entre chaque bande, comme on le voit dans la figure 8.

FIG. 8.

Dans son ensemble, c'était un instrument très-mauvais, et qui exigeait beaucoup de tirage. Heureusement elle a presque entièrement disparu des fermes bien cultivées.

On fait maintenant grand usage de charrues montées sur des avant-trains très-bas, composés de petites roues d'inégale grandeur et indépendantes les unes des autres (fig. 9).

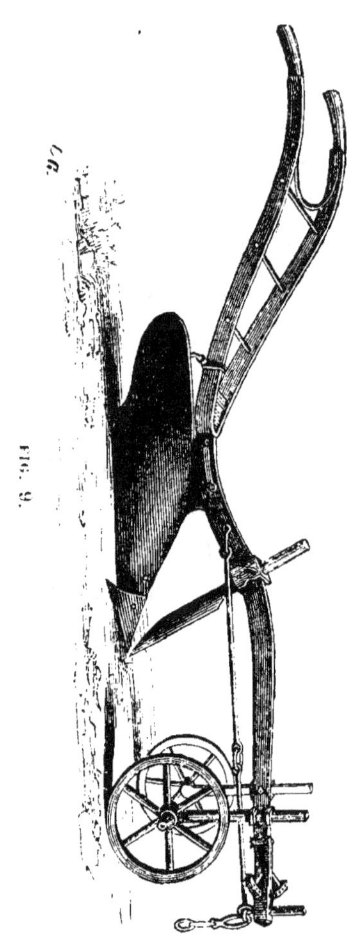

Fig. 9.

Elles se rapprochent des araires, sont faciles à diriger et permettent de faire des labours très-réguliers.

Dans ces derniers temps, des essais de labourage à la vapeur ont été tentés et ils ont parfaitement réussi. Espérons que ces appareils deviendront assez simples pour être employés dans toutes les exploitations.

10. — On fait des charrues qui ont deux versoirs ou ailes mobiles, dont on peut augmenter ou diminuer l'écartement, de manière à prendre plus ou moins de terre (fig. 10).

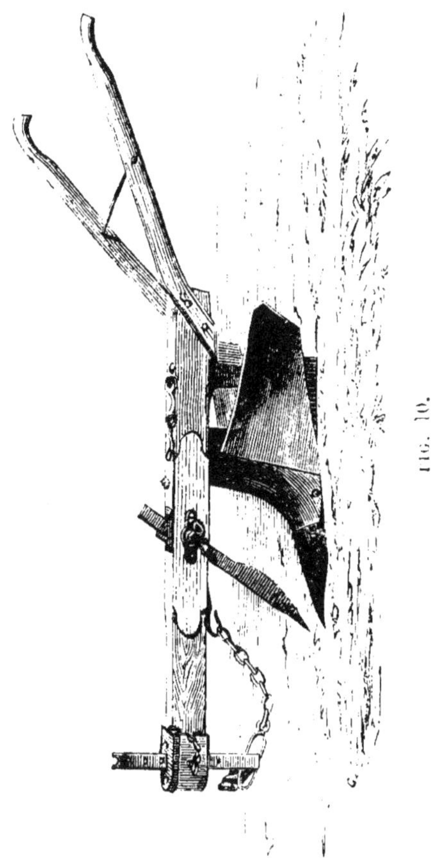

Elles servent à tirer les raies d'écoulement (1), à butter les plantes sarclées, et même à les arracher.

*Herses.*

11. — Les *herses* sont des instruments qui font dans la grande culture le même travail qu'on exécute au râteau dans la petite; leurs dents sont en fer ou en bois. Elles ameublissent la surface du sol, et servent à enterrer les semences.

Les dents des herses doivent être assez longues et assez écartées les unes des autres pour que les herbes et les mottes ne s'y engagent pas; mais elles doivent être disposées sur le corps de la herse, de manière à tracer cependant des lignes très-rapprochées : c'est à quoi M. de Valcourt a parfaitement réussi dans sa herse quadrangulaire oblique, et ce que nous avons aussi obtenu dans notre herse à couvrir.

12. — Dans la herse Valcourt, on peut, en changeant le point de tirage, rapprocher ou éloigner les lignes formées par les dents.

La chaîne s'engage dans les crochets de l'une ou de l'autre extrémité, et c'est dans les mailles de cette chaîne que se fixe le palonnier, au moyen d'un crochet double en S.

Le point de tirage doit toujours être placé du côté de l'angle obtus de la herse, de manière à ce que chaque

______

(1) Pour ce travail, il est convenable d'y adapter le rabot de raies.

dent trace sa raie , et que toutes ces raies soient entre elles à des distances égales.

Si on rapprochait le point de tirage vers le centre de la herse , on n'obtiendrait plus que quatre raies au lieu de vingt-quatre, et le travail serait défectueux.

Les herses articulées (fig. 11)

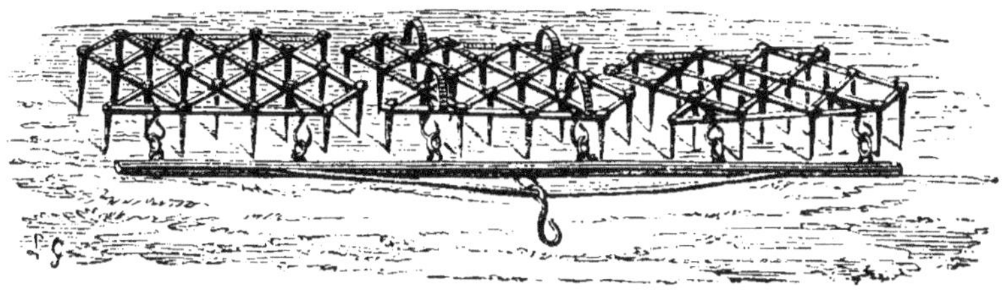

FIG. 11.

sont composées de deux ou trois parties de herse , réunies entre elles par des chainettes. Cette disposition leur permet de suivre toutes les inégalités du terrain, et de procurer ainsi un ameublissement complet de la surface du sol. Ce sont les meilleures que nous connaissions en ce genre. On les fait ordinairement entièrement en fer.

15. — La herse à couvrir (fig. 12)

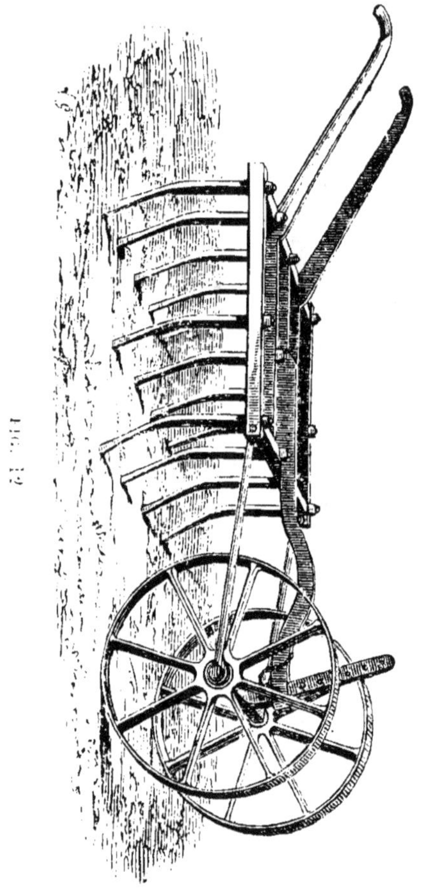


est une espèce d'extirpateur à treize dents , dont l'entrure est réglée au moyen d'un avant-train. Elle exige
deux ou trois chevaux, suivant la profondeur à laquelle
elle doit fonctionner. En général, les dents doivent
entrer de 7 à 8 centimètres , pour enterrer les graines
des céréales.

c'est-à-dire que les dents de la partie antérieure n'entrent pas plus que celles de la partie postérieure, ou le contraire. Pour le régler, on élève ou abaisse l'âge au moyen du régulateur.

A l'aide des manches, le conducteur peut soulever l'instrument pour le débarrasser des herbes et des mottes de terre qui se seraient arrêtées dans les dents.

Pour conduire la herse aux champs, on relève l'âge de manière à ce que les dents antérieures ne touchent plus à la terre, et on maintient celles de derrière soulevées au moyen d'un morceau de bois passé entre les deux traverses postérieures.

Il est essentiel que cet instrument marche d'aplomb.

## 14. — L'extirpateur (fig. 13)

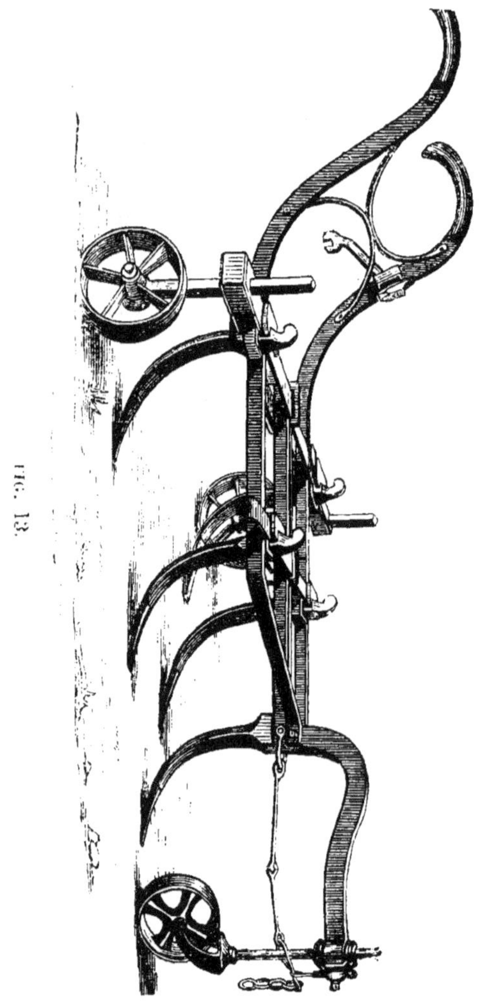



est monté sur trois petites roues qui s'élèvent ou s'a-
baissent, suivant qu'on veut prendre plus ou moins
profondément. Les dents sont munies de petits socs en
fonte plus ou moins larges, suivant la dureté du sol. Les

plus larges sont destinés aux terres déjà ameublies, et ceux qui sont étroits aux terres dures ou remplies de mauvaises herbes. Ils sont faciles à changer.

Le travail de cet instrument peut tenir lieu d'un second labour, et même, en terre légère, il peut préparer suffisamment le sol qui doit recevoir des graines fourragères. On l'emploie avec grand succès pour les déchaumages.

C'est surtout après le rouleau que l'extirpateur, comme la herse à couvrir, produit un très-bon effet.

15. — Les *houes à cheval* (fig. 14)

FIG. 14.

ou sarcloirs sont des espèces de herses dont les dents, disposées en couteaux recourbés ou en forme de petits socs, ou enfin tout simplement en dents de herses, coupent et arrachent les mauvaises herbes. Elles sont très-avantageuses pour nettoyer les plantes cultivées en lignes, et peuvent s'ouvrir ou se diminuer, suivant l'écartement des plantes que l'on veut biner.

16. — Nous nous sommes encore servis avec succès, dans notre pratique, pour nettoyer les plantes sarclées

et pour ameublir la terre entre les lignes, d'une charrue-araire dont nous enlevions le versoir. Lorsque la terre est un peu dure, ou qu'il y a des herbes en grande quantité, le travail est beaucoup plus énergique avec cet instrument qu'avec la houe à cheval. On peut aussi employer pour ce travail de toutes petites charrues comme celle de la fig. 15 :

Fig. 15.

on fait un petit billon de deux raies entre les deux lignes de plantes, puis quelque temps après on le rabat à la houe à cheval. On obtient ainsi de la terre bien meuble et parfaitement nettoyée.

17. — Le rouleau est tout simplement un cylindre en bois, en pierre ou en fonte. On s'en sert pour écraser les mottes de terre après le labour ou pour dresser la surface d'un sol destiné à recevoir des graines fines, telles que colza, navets, etc., travail qui ne pourrait s'exécuter à la main que bien imparfaitement.

Il faut se garder d'employer le rouleau lorsque la terre est humide. Si les mottes s'aplatissent au lieu de s'écraser, le travail est plutôt nuisible qu'utile.

Les rouleaux d'un grand diamètre exigent beaucoup moins de tirage que ceux qui sont trop petits. Quant à leur longueur, elle ne doit guère dépasser 1 mètre 20 ou 1 mètre 50 centimètres.

Les rouleaux à pointes et à dents en fer sont surtout précieux pour les défrichements.

Le rouleau Crosskill est un des meilleurs de cette catégorie (fig. 16).

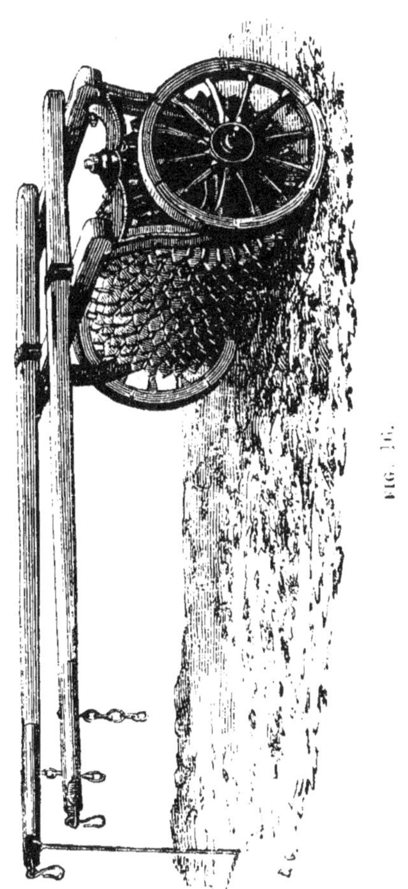

18. — Les semoirs servent le plus ordinairement à répandre les graines en lignes. On peut aussi les disposer de manière à les répandre à la volée.

En général, ils sont compliqués et exigent beaucoup de soins et d'intelligence de la part de l'homme chargé de les conduire. Il faut donc choisir les plus simples.

Les lignes de pommiers qui traversent nos champs en Bretagne en rendent l'emploi difficile. Cependant ils auraient la double utilité de semer uniformément, de fixer sur les quantités précises de semence pour chaque culture, de permettre les binages et les sarclages si indispensables.

19. — Je ne vous conseillerai point de faire de l'agriculture à grand renfort d'instruments nouveaux, comme le veulent les ennemis de nos bonnes méthodes. Une bonne charrue simple, une charrue à deux versoirs, une herse, un rouleau, une houe à cheval vous suffiront pour exécuter tous les labours d'une ferme ordinaire.

Cependant, il y a toujours avantage, sur un domaine un peu étendu, à faire usage des instruments perfectionnés, qui simplifient beaucoup le travail. Mais il faut que l'exploitation soit assez considérable pour supporter cette dépense.

Ainsi, dans les fermes où l'on peut avoir une petite locomobile à vapeur de trois chevaux, par exemple, (fig. 17),

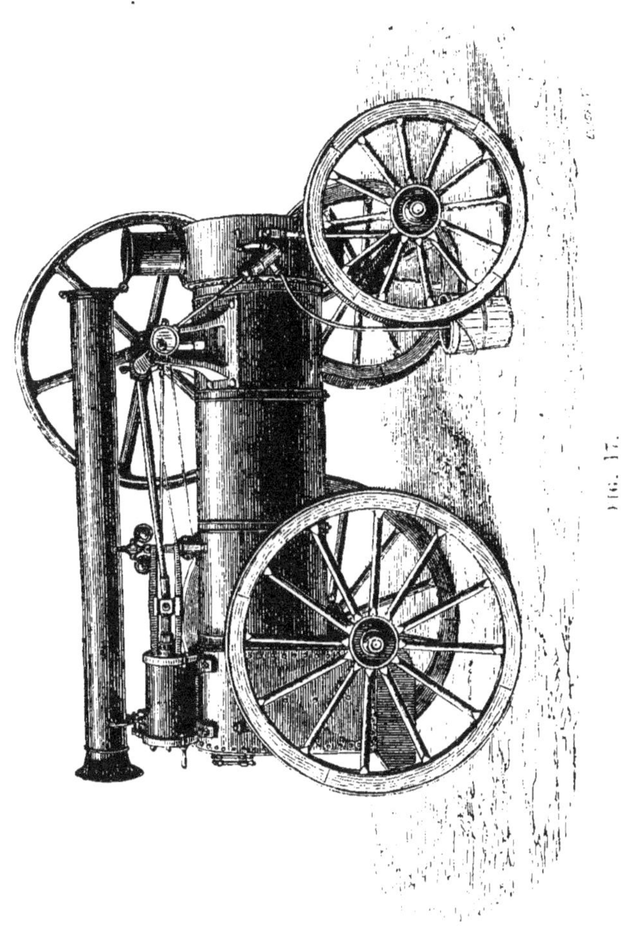

FIG. 17.

on obtiendra toujours le travail à meilleur marché
qu'avec les bras des hommes et avec les animaux,
parce qu'il se fera mieux et plus rapidement. On pourra
battre les céréales, broyer les pommes, couper l'ajonc,
la paille, les racines, broyer et concasser les grains, etc.

Du reste, les instruments aratoires exigent, pour

bien fonctionner, une grande exactitude dans leur construction.

Souvent de très-bons instruments ont été regardés comme défectueux, parce qu'on ne savait pas s'en servir.

# DEUXIÈME PARTIE.

## CULTURE DES PLANTES (1).

### SIXIÈME LEÇON.

#### Culture des Céréales.

1. — On désigne sous le nom de céréales le froment,
l'orge, le seigle, l'avoine, etc.

Les plantes qui croissent et se développent de la même
manière que celles-ci, c'est-à-dire la plupart des herbes
à feuilles engainantes, à chaume entrecoupé de nœuds,
et formant la base des prairies naturelles, sont de la
famille dite des graminées. Cependant on ne comprend
sous la dénomination de céréales que celles d'entre elles
qui produisent des graines propres à la nourriture de
l'homme ou des animaux.

*Froment.*

2. — Le froment aime une terre un peu argileuse,
bien préparée et riche en humus. Quand elle contient

(1) Voyez l'*Herbier agricole* pour les classifications.

en outre une petite quantité de calcaire, elle est tout-à-fait propre à la culture de cette céréale.

Dans les terres très-argileuses et même froides, le froment réussit bien, pourvu qu'elles soient assez engraissées. Il redoute surtout les terrains qui contiennent de l'humus acide et astringent, et l'on ne peut penser à le cultiver qu'après avoir changé ces mauvaises dispositions par les moyens dont nous avons parlé à l'article humus. Il réussit généralement après une récolte de sarrasin ou de vesces, ainsi qu'après la plupart des plantes fourragères, qui laissent le sol propre. On le sème avec avantage sur un trèfle rompu par un seul labour (1). En employant ce moyen, on a moins à redouter un excès de végétation ou une grande quantité d'herbes nuisibles, puisque les engrais ont favorisé le développement des mauvaises herbes lors des cultures sarclées ou étouffantes qui ont précédé le froment. Pour obtenir un beau froment sur un trèfle, et profiter de tous les avantages de ce système de culture, on ne doit laisser le trèfle subsister qu'une année; c'est-à-dire qu'on doit le rompre après la première année de récolte : par ce moyen, les mauvaises herbes n'ont pas le temps de s'emparer du terrain, et le froment est beaucoup plus propre. Si le trèfle a été rompu par un temps sec, un coup de pesant rouleau avant la semaille en assurera la réussite.

(1) Lorsqu'on sème après le sarrasin, c'est sur un seul labour. Après les vesces et les autres fourrages, qui sont enlevés en juin et juillet, on donne deux labours. On sème aussi sur jachère. (Voyez la fin de la 13e leçon.)

On cultive un très-grand nombre de variétés de froment, que nous comprendrons dans deux grandes classes, savoir : les blés fins ou sans barbes et les gros blés ou blés barbus. Les gros blés réussissent généralement mieux que les blés fins dans les terres humides, sur de vieilles prairies défrichées, ou enfin lorsque le sol est trop riche et que la *verse* est à craindre.

Les blés fins sont en général plus recherchés, et se vendent mieux. Les blés non barbus ont les grains plus courts et plus arrondis que ceux qui ont des barbes. Du reste, les barbes ne sont pas un caractère constant ; quelques espèces les perdent dans certaines terres, et d'autres espèces deviennent barbues dans certaines localités.

La quantité de semence à employer dépend de l'état du sol et de l'époque de la semaille.

Lorsque la terre est bien meuble à sa surface et que l'on sème par le beau temps, tous les grains lèvent et il en faut semer moins.

Lorsqu'au contraire on sème tard et par la pluie, on doit mettre une plus grande quantité de semence, parce qu'un très-grand nombre de grains ne lèvent pas.

En général, on sème de 200 à 250 litres de froment par hectare. Avec les semoirs, il y a économie de semence, parce qu'on la répand plus également et à une profondeur plus uniforme.

Si l'on sème très-épais, chaque grain ne fournira qu'une tige et les épis seront plus petits. Si l'on sème clair, chaque pied tallera, il ne se formera de tiges que la quantité qui pourra être alimentée par le sol, les épis seront forts et vigoureux.

Nous touchons probablement à une époque où les semoirs simplifiés deviendront d'un usage habituel.

Depuis longtemps, nous semons, avec grand succès, toutes nos céréales en lignes avec le semoir dont voici le dessin (fig. 18).

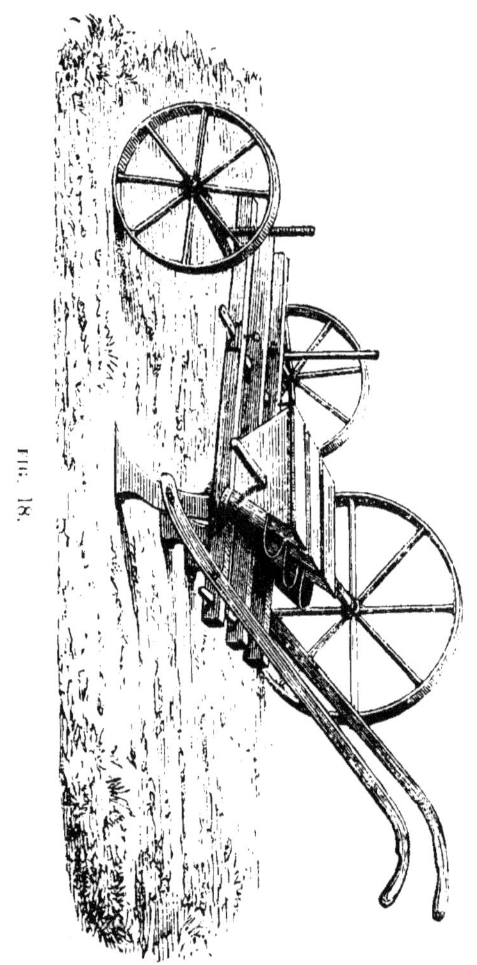

Dans la méthode habituelle, on recouvre à la charrue, à la herse, ou avec l'extirpateur.

Ces derniers moyens sont toujours préférables, surtout dans les terres fortes. Outre que le travail de la herse ou de l'extirpateur ameublit le sol, il recouvre les grains plus uniformément, et les enveloppe d'une couche de terre meuble. Il a encore cet avantage que les labours, sur les terres destinées aux semailles, peuvent se faire d'avance, et quelques jours de beau temps suffisent ensuite pour semer à la herse.

**La herse à couvrir** est spécialement destinée à ce travail.

On doit du moins employer une herse à dents de fer énergique, et la faire passer deux fois sur toutes les parties ensemencées; par ce moyen, le grain se trouve suffisamment recouvert et la terre beaucoup mieux dressée et ameublie à la surface. On relève ensuite, au moyen du buttoir, la terre abattue dans les dérayures, et on a soin de l'employer avec le rabot de raies, pour que le terrain soit bien nivelé et ne présente pas d'inégalités susceptibles de retenir l'eau.

Il est important de tirer des raies d'écoulement partout où les pentes du terrain l'indiquent, et de les faire aussitôt que le froment est semé. Si on tarde, on s'expose à en être empêché par les pluies, et la semence se trouve noyée.

Les planches ne doivent pas être creuses du milieu; il ne faut pas non plus qu'elles soient trop bombées.

Grand nombre de cultivateurs se servent peu de la

herse, quoique son emploi soit très-avantageux; presque toutes les céréales sont en partie semées sous la raie de la charrue, en partie sur le labour, et la terre est ensuite dressée et brisée à la houe ou au râteau. Ce moyen réussit bien, mais il est très-dispendieux, et comme il exige beaucoup de main-d'œuvre, il arrive souvent que les semailles ne se font pas en temps utile. En hersant vous-mêmes sur les terres de la ferme des Trois-Croix, vous avez vu combien cette méthode présente de supériorité.

Le froment est exposé à une maladie qu'on nomme *carie* (*dans le pays, bouton*); on l'évite en faisant subir au grain différentes préparations avant de le semer. Quelquefois, on se contente de le faire tremper pendant vingt-quatre heures dans un lait de chaux, préparé avec une quantité de chaux égale en poids au **20e** du blé qu'on veut chauler.

M. de Dombasle a publié un procédé qui nous a très-bien réussi.

Pour un hectolitre de grain, on fait fondre dans 8 litres d'eau pure 640 grammes de sulfate de soude (1). Lorsqu'il est bien fondu, on arrose l'hectolitre de froment déposé sur un plancher bien uni, et l'on remue de manière que tous les grains soient mouillés; ensuite on répand sur le tas, en continuant de remuer fortement, environ **2** kilogrammes de chaux vive, qu'on réduit en

---

(1) On trouve cette substance chez tous les marchands droguistes et pharmaciens.

poudre en la mouillant légèrement. On doit avoir soin
de n'opérer cette réduction en poudre qu'à l'instant
même d'employer la chaux, qui a perdu toute sa vertu
quand elle est anciennement pulvérisée. On peut semer
le froment aussitôt après. Ainsi préparé, il se conserve
quelque temps sans s'altérer, en ayant soin de le remuer
quelquefois.

Les semailles de froment se font du 1er octobre au
15 novembre ; la saison la plus convenable est la dernière quinzaine d'octobre ; cependant beaucoup de fermiers sèment encore en décembre, surtout lorsque la
récolte des pommes les a retardés. Quelquefois ces semailles tardives réussissent bien dans les terrains riches,
mais le plus ordinairement elles donnent de mauvais
résultats, surtout dans les sols peu fertiles. Si la terre
est assez riche pour qu'il ne soit pas nécessaire de fumer
le froment, ce qui devrait toujours avoir lieu, les semailles peuvent se faire de très-bonne heure, parce
qu'on n'a pas à craindre une végétation trop rapide
d'abord et qui s'arrête ensuite ; c'est ce qui a presque
toujours lieu lorsqu'on sème sur une fumure.

Au printemps, lorsque la terre a été tassée par les
pluies d'hiver, et que la gelée ne l'a pas soulevée à la
surface, on donne un hersage vigoureux (1), qui détruit
les mauvaises herbes naissantes, et produit l'effet d'un

___

(1) Dans les pays où l'on peut disposer d'une grande quantité
de bras, on donne souvent un binage à la main ; cette opération est excellente. Lorsqu'on sème en lignes, on peut biner à la
houe à cheval.

léger labour très-avantageux au froment. On fait passer la herse lorsque la terre est bien ressuyée et par un temps doux et chaud.

En brisant les petites mottes, ce hersage rechausse le froment et facilite le développement des racines qui se forment, au printemps, à la surface du sol. On ne doit pas craindre d'arracher quelques pieds de blé ; pour que l'opération soit fructueuse, la surface du champ doit avoir été ameublie par l'action de la herse (1).

Après un hiver défavorable, le froment a quelquefois la plus mauvaise apparence ; cependant, avant de se décider à le détruire pour semer une autre récolte, il faut l'examiner de bien près ; car très-souvent les champs où l'on n'aperçoit que quelques plantes éparses, se couvrent tout-à-coup d'une belle végétation vers le mois de mai et produisent une récolte abondante.

A la fin de l'hiver, si le froment a le collet gros, les feuilles d'un vert très-foncé et couchées sur la terre, si au lieu d'avoir l'air de monter, il semble vouloir ramper, on peut être assuré d'avoir une bonne récolte, quand même ce froment serait très-clair.

Il arrive quelquefois que la végétation du froment

(1) « Il faut se livrer à cette opération sans aucune de ces » craintes dont la première fois on aura beaucoup de peine à » se défendre. Si après cela le champ a toute l'apparence d'avoir » été semé récemment, de sorte qu'à peine on y aperçoive une » feuille verte, et qu'on n'y voie autre chose que la terre, c'est » alors que l'opération a le mieux réussi *(Thaër).* »

devient trop forte et qu'on est forcé de couper les sommités des feuilles pour ralentir cette vigueur. Dans ce cas, il faut opérer avec beaucoup de réserve et surtout faire bien attention à ne pas attaquer le cœur de la plante.

5. — Lorsque le grain du froment est dur comme de la cire, et que la paille est jaune, on le coupe. Il vaut mieux le couper deux ou trois jours avant la maturité que d'attendre trop tard ; car alors il y a une grande perte de grain, et il est d'une moindre qualité. Cependant il faut que la maturité soit complète pour le grain que l'on veut réserver pour semence. Il est donc avantageux de commencer la récolte par les froments qui doivent être livrés à la consommation et de conserver pour les semailles ceux qui sont coupés les derniers.

On coupe le froment à la faux ou à la faucille. Le premier moyen est plus expéditif lorsqu'on a des gens exercés, et que la céréale que l'on veut faucher n'est ni mêlée ni versée. On coupe au ras de la terre ou un peu au-dessus ; ces deux méthodes ont leurs avantages et leurs inconvénients. Cependant il est presque toujours avantageux de couper au ras de la terre. Lorsqu'on emploie cette dernière méthode, il y a moins de paille perdue ; les frais de main-d'œuvre sont moins considérables, puisque tout est enlevé d'une seule fois, et enfin on peut disposer plus promptement du terrain pour faire des navets, du trèfle incarnat, du seigle-fourrage, du ray-grass, etc. Lorsqu'on coupe un peu haut, on a moins de paille à battre, et dans les années très-humides, lorsqu'il y a beaucoup d'herbe dans les blés, les poignées ou javelles un peu soulevées sont moins exposées à s'altérer. Malgré cela, il est plus avantageux, comme nous l'avons dit, de couper au ras de la terre (1).

On lie le froment (2) et les autres céréales en gerbes, que l'on rentre dans les greniers ou que l'on dispose en meules, en ayant soin de mettre les épis en dedans du tas, et de donner aux gerbes une légère inclinaison de dedans en dehors, de manière à ce que l'humidité ne descende pas vers l'épi. Nous ne parlerons point du battage au fléau et au rouleau, qui tendent chaque jour à disparaître.

C'est surtout pour ces grands travaux, au-dessus de la force des hommes, qu'il est avantageux d'employer des machines.

Il serait difficile de décrire le mécanisme des diverses machines à battre. Disons seulement que la plupart opèrent le battage au moyen d'une espèce de tambour tournant très-rapidement dans un grillage qui enveloppe à peu près la moitié de sa circonférence.

Quelques-unes sont pourvues d'appareils qui séparent le grain de la paille et la balle du grain ; de telle sorte que les gerbes, déliées et introduites dans la machine, donnent d'un côté de la paille bien battue,

______

(1) Des machines à moissonner ont été essayées, et semblent devoir donner des résultats avantageux.

(2) On emploie pour faire des liens la paille du seigle, les harts de bois ou la paille du grain même. La paille de seigle est de beaucoup préférable.

entièrement nette de grain, et de l'autre du grain tombant dans un sac, et assez propre pour être monté au grenier. La figure 19 en donnera une idée.

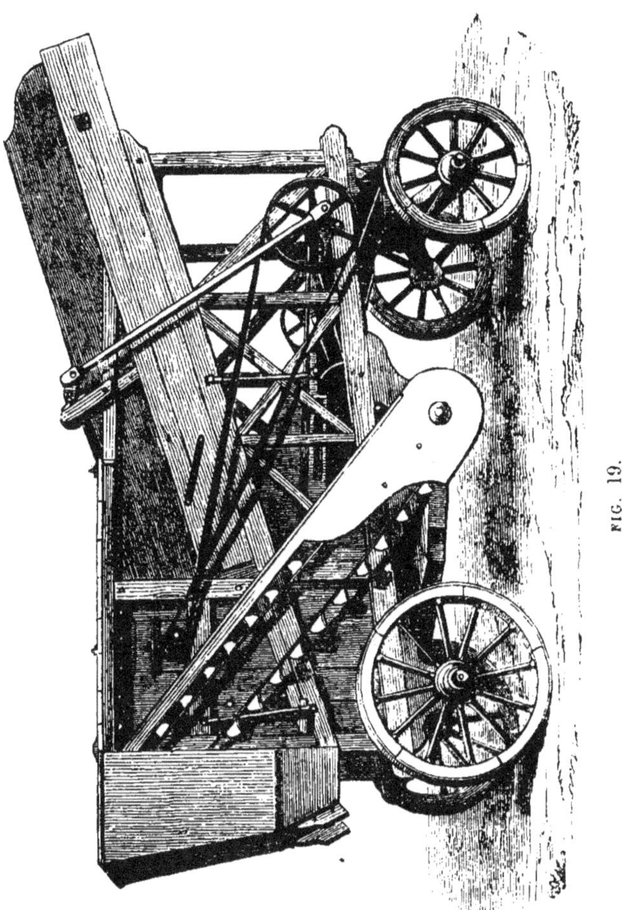

FIG. 19.

En général, ces machines ne peuvent guère être mises en mouvement que par la vapeur. Elles conviennent dans les grandes exploitations ou pour faire des entreprises de battage , comme nous l'avons fait avec grand succès dans notre pays.

Les machines à manège sont fort utiles dans toutes les exploitations où l'on ne peut employer la vapeur. Le manège peut être utilisé en hiver au hachage des fourrages, et à tous les autres travaux que nous avons conseillé de faire à la vapeur.

Les machines à battre offrent plusieurs avantages :

1º Elles battent plus net;

2º Le grain est d'une plus belle qualité, parce qu'il n'est pas couvert de poussière et rempli de pierres comme dans le battage sur les aires;

3º La paille aussi a plus de qualité pour les animaux, parce qu'elle est plus propre;

4º Avec le mode de battage où la paille est étendue sur l'aire, on a toujours à craindre des jours de pluie et d'orage, tandis qu'avec les machines, le battage peut s'exécuter dans les granges à l'abri;

5º Elles permettent d'attendre , pour battre , que la saison présente moins d'autres travaux utiles et pressés.

Il arrivera un temps où chaque ferme aura sa machine dans une grange pour utiliser les attelages pendant les jours de gelée ou de grande pluie , et c'est alors seulement que les machines à battre auront tous leurs avantages. Les machines courant de village en village ne sont qu'un acheminement à ce système.

Le grain battu et nettoyé doit être transporté dans les greniers, et ensuite étendu afin qu'il achève de sécher.

La récolte des autres céréales doit être faite à peu près de la même manière.

4. — On fait au printemps une variété de froment trop peu appréciée, et même inconnue de la plupart de nos cultivateurs. Comme elle n'a pas autant de temps pour s'enraciner et taller, on doit semer plus épais.

Le froment de printemps réussit mieux que celui d'hiver dans les terres un peu légères. La terre argileuse lui convient aussi; mais il ne donne de beaux produits que dans les sols riches.

Il ne s'accommode pas, comme celui d'hiver, des semailles par le temps humide. La terre doit être bien ressuyée et bien ameublie.

Ce froment réussit très-bien après une récolte de pommes de terre ou de betteraves, qui, en général, ne forment pas une aussi bonne préparation pour celui d'hiver. On le sème en février et mars. Les semailles précoces sont les plus assurées.

La méthode que nous employons pour notre semaille de printemps est simple, économique, et nous a parfaitement réussi jusqu'à présent.

Après les pommes de terre, les betteraves, les choux, on donne un labour d'automne ou d'hiver, et on sème au printemps, au moyen d'un fort hersage. La semaille se fait ainsi très-rapidement et de bonne heure. Lorsque la terre a été trop fortement tassée par les pluies d'hiver, on donne un second labour, et encore mieux un trait d'extirpateur.

Peu de cultivateurs sèment du froment de printemps,

dans notre pays, et le petit nombre qui a tenté cette culture la regarde comme mauvaise. Cela vient de ce que toute espèce de froment ne peut pas être indifféremment semée à l'automne ou au printemps, et que l'on ne sème pas l'espèce qui convient à cette époque ; puis encore de ce que l'on fait presque toujours ces blés de printemps après un froment d'hiver.

## *Seigle.*

5. — Le seigle aime un sol plutôt sablonneux que compacte ; et comme son grain a moins de valeur que celui du froment, on ne le cultive que dans les terres trop légères ou trop peu substantielles pour produire cette dernière récolte. Il est moins exigeant que le froment sur la fertilité de la terre, et lorsqu'il se trouve encore dans un sol nouvellement défriché des parties acides, sa croissance n'en est pas sensiblement gênée.

Le seigle est donc la céréale la plus convenable pour les terrains sablonneux, pauvres, et pour les terres des landes nouvellement défrichées.

Il réussit très-bien après le sarrasin, après les vesces et après toutes les plantes qui laissent la terre très-meuble, ou qui permettent de l'ameublir par des hersages et des labours avant la semaille.

Le seigle n'aime pas, comme le froment, à trouver un fond solide ; aussi ne vient-il pas très-bien sur les trèfles rompus. Les semailles tardives, en un sol humide, lui sont tout-à-fait défavorables.

On peut labourer la terre quelque temps d'avance, et ensuite, à l'époque des semailles, recouvrir à la herse par un temps sec.

On sème de septembre en novembre, à raison de 2 à 2 hectolitres 1/2 par hectare. Il vaut mieux semer un peu de bonne heure que trop tard.

Au printemps, un coup de herse lorsque la terre est dure, ou un coup de rouleau lorsqu'elle est meuble et comme soufflée, produisent un très-bon effet sur les champs de seigle.

La paille de seigle a une valeur assez élevée; on en fait des liens pour les gerbes des autres céréales, des paillassons et des toits qui sont très-durables, lorsqu'ils sont bien établis; mais comme nourriture pour les animaux, elle est la moins bonne.

On reconnaît que le seigle est mûr lorsque la paille blanchit et que les nœuds ont entièrement perdu leur couleur verte.

La récolte du seigle se fait à peu près comme celle du froment et des autres céréales.

Le seigle est encore très-utile comme fourrage printanier; lorsqu'on le destine à cet usage, on doit le semer plus épais. Il procure un fourrage abondant et qui ne coûte que peu de chose, car on peut le semer sur les terrains destinés à porter des pommes de terre l'année d'après. Aussitôt après la récolte du seigle-fourrage, on plante les pommes de terre sur un seul labour, et l'on obtient de beaux produits. Lorsque nous pouvons disposer d'un peu de fumier en septembre, nous fumons notre seigle-fourrage, et au printemps, après qu'il est fauché, nous ne mettons plus qu'une demi-fumure pour les pommes de terre, les betteraves et les choux. Par ce moyen, les deux récoltes sont assurées.

Lorsqu'on en a une trop grande quantité, et que les bêtes ont de la peine à consommer toute la récolte, on peut l'enfouir et le remplacer par des betteraves ou des pommes de terre, qui s'accommodent très-bien de cette préparation.

Nos seigles fauchés en vert ont encore l'avantage de préparer les animaux à la nourriture plus substantielle des trèfles, qui, comme vous le savez, les exposent quelquefois à des accidents graves.

## *Orge.*

6. — On compte cinq à six espèces d'orge; mais comme elles exigent à peu près les mêmes soins, et que surtout le même terrain leur convient, nous ne nous occuperons que de la culture en général.

L'orge aime une terre légère, meuble, riche et fraîche.

Dans une terre argileuse, cette récolte donne cependant un bon produit, si le sol est bien ameubli et fortement fumé. Lorsqu'on applique les engrais directement à l'orge, ils doivent être bien décomposés, car, cette plante ayant des organes peu vigoureux, il est indispensable de lui donner des sucs nutritifs faciles à saisir.

Les terres tenaces et froides, surtout celles qui contiennent des principes acides, ne lui conviennent pas du tout.

Lorsqu'elle succède au froment, il faut au moins trois labours, un d'automne et deux de printemps, encore le produit en est moins assuré qu'après les plantes sarclées; cependant, tous nos cultivateurs sèment leurs orges après une autre récolte de céréale, pratique qu'on ne saurait trop blâmer.

Après les pommes de terre ou les betteraves, elle donne beaucoup, et il ne faut pas autant de travail pour ameublir la terre. Comme pour le froment de printemps, un labour d'automne ou d'hiver est la meilleure préparation; à l'époque de la semaille, la herse et l'extirpateur prépareront suffisamment le sol.

On ne doit semer qu'en terre parfaitement ameublie à la surface et par un temps sec. Si immédiatement après il survient une forte pluie qui durcisse le sol, il est bon, aussitôt qu'il est bien ressuyé et avant que l'orge lève, de donner un coup de herse pour rompre la croûte qui s'est formée.

On emploie environ de 2 à 2 hectolitres 1/2 de graine par hectare, que l'on recouvre d'un fort hersage. Les semis en lignes conviennent parfaitement à l'orge, et alors il ne faut employer que moitié de la semence. Le temps le plus ordinaire de la semaille est la dernière quinzaine d'avril pour les terres argileuses, et fin de mars pour les terres sablonneuses.

On cultive dans quelques départements, sous le nom

d'escourgeon, une espèce d'orge d'hiver qui forme un très-bon fourrage printanier. L'introduction de cette plante dans notre culture serait avantageuse. Ce fourrage est très-recherché des animaux.

On sème l'escourgeon dans le courant de septembre et dans les premiers jours d'octobre. Comme pour l'orge de printemps, le sol doit être riche et parfaitement ameubli. Son produit en grain est abondant ; mais c'est surtout pour son fourrage que cette espèce est précieuse.

Comme le seigle, il est fauché assez à temps pour permettre de cultiver des pommes de terre. Le fourrage en est plus nourrissant et plus recherché des animaux que celui du seigle ; mais, dans les hivers rigoureux, il est quelquefois détruit.

La récolte avant la complète maturité ne convient pas au grain de l'orge, qui perd promptement sa belle couleur lorsqu'on est forcé de la laisser en javelles sur le sol.

Cependant, pour quelques espèces, comme l'orge commune, on doit surveiller de près le point de maturité, parce que, au-delà, la paille se brise à la naissance de l'épi.

S'il vient de longues pluies après qu'elle est coupée, il faut, pour ne pas perdre la récolte, retourner les javelles lorsqu'elles sont un peu resséchées, et ensuite les ramasser aussitôt qu'elles sont sèches.

Lorsqu'elles conservent un peu d'humidité, la fermentation s'établit facilement dans les tas ou dans les greniers, et peut compromettre la récolte.

L'orge est une des récoltes les plus productives ; nous avons souvent obtenu 60 et même 70 hectolitres à l'hectare.

### *Avoine.*

7. — L'avoine est moins délicate que les autres céréales ; les terres un peu argileuses lui conviennent mieux que celles qui sont légères. Elle réussit bien sur une prairie naturelle ou artificielle rompue par un seul labour. Dans des terres humides et tourbeuses, elle est plus productive que les autres grains, et elle ne redoute pas autant l'acidité du sol.

Nous cultivons deux espèces d'avoine : la blanche d'hiver et la noire de printemps. On sème celle d'hiver de septembre en novembre, celle de printemps, de février en avril : les semailles hâtives sont les meilleures pour les deux espèces (1).

Il y a un grand nombre de variétés d'avoine d'hiver et de printemps. Celles dont les grains sont pleins et bien nourris sont meilleures que celles dont le grain est mou et léger.

L'avoine est d'un bon produit. Celle d'hiver donne un grain de meilleure qualité que celle de printemps,

(1) Depuis quelques années, on cultive l'avoine blanche *unilatérale* de printemps, et une autre variété d'avoine blanche dont nous avons obtenu d'énormes récoltes, surtout de la dernière dont le grain est de très-belle qualité. Après plantes sarclées, le produit a été quelquefois de 50 à 60 hectolitres à l'hectare.

dont la récolte fournit souvent davantage. Lorsqu'on veut faire de l'avoine de printemps, il est bon de donner un ou deux labours avant l'hiver, et ensuite de la semer en février, sans labourer de nouveau. Cette méthode est très-bonne dans les terres argileuses que les gelées ameublissent mieux que les labours.

On sème de 200 à 300 litres de graine par hectare : la herse suffit pour la recouvrir. Lorsque l'on sème sur un vieux labour, il faut d'abord ameublir la surface du sol par un fort hersage. En lignes espacées de vingt-cinq à trente centimètres, on n'emploie que 125 à 150 litres.

Sur un vieux trèfle rompu, l'avoine est très-productive, et c'est toujours ce qu'il faut semer préférablement au froment, lorsque le trèfle rempli d'herbe est à l'état de friche.

La plupart du temps, c'est après une céréale qu'on la cultive : elle serait beaucoup mieux placée après une plante sarclée ou une prairie artificielle. Après une plante sarclée elle n'a besoin que d'un labour, si c'est de l'avoine d'hiver, et même ce labour suffira pour la semaille, si on le donne en temps convenable, comme nous l'avons indiqué pour le froment de printemps.

Lorsqu'on la sème après une céréale, méthode que nous n'approuvons pas, on ne peut donner qu'un seul labour pour l'avoine d'hiver; mais on a bien le temps d'en donner au moins deux pour les espèces de printemps.

On fume rarement l'avoine, qui cependant récompense bien des soins qu'on lui donne. Elle s'accommode des fumiers frais et peu décomposés,

Un hersage au printemps est aussi nécessaire aux avoines d'hiver qu'aux froments. On obtient souvent même un résultat satisfaisant du hersage de l'avoine de printemps, surtout lorsqu'il lève avec cette dernière une grande quantité de moutardes et de ravenelles.

Les bêtes à cornes mangent très-bien la paille d'avoine, que l'on peut regarder comme une des plus propres à la nourriture des animaux.

Presque partout, on a pris la bonne habitude de vendre et d'acheter l'avoine au poids; par ce moyen on n'a point à craindre qu'elle soit fortement remuée et jetée le long des murailles des greniers pour lui donner un volume plus considérable : la différence peut être énorme.

On coupe l'avoine lorsqu'elle est encore un peu verte, parce que, si l'on attendait son entière maturité, il s'en égrainerait une grande quantité. Lorsqu'elle est coupée, elle doit passer quelques jours sur la terre, en javelles, où elle achève de mûrir; il est même assez avantageux qu'elle reçoive un peu de pluie, parce qu'alors elle est plus facile à battre.

L'avoine, dans la culture ordinaire, a l'inconvénient de salir beaucoup le sol, parce qu'on la cultive toujours après un froment qui a déjà laissé mûrir les mauvaises graines; lorsqu'au contraire elle est semée après une plante sarclée ou un fourrage, elle ne salit pas plus que les autres céréales. Ce n'est donc pas l'avoine que l'on doit accuser de salir la terre, mais plutôt le peu de soin qu'on donne à sa culture.

L'organisation de l'avoine étant très-vigoureuse, elle peut encore donner un produit passable dans une terre déjà épuisée par les autres céréales ; aussi les cultivateurs peu éclairés la sèment souvent dans une terre qui ne peut plus rien produire, et par ce moyen ils achèvent d'épuiser le sol.

*Sarrasin.*

8. — Le sarrasin ou blé-noir, qu'on ne doit pas considérer comme une véritable céréale, réussit bien dans les terres légères ou parfaitement ameublies ; il est très-peu épuisant. Comme il redoute les petites gelées de printemps, la semaille ne doit avoir lieu qu'à la fin de mai ou au commencement de juin. Un hectolitre suffit pour semer un hectare. On recouvre à la herse. Il est très-propre à être enterré en vert, et, sous ce rapport, il est précieux en raison de sa croissance rapide. On le cultive aussi pour la nourriture des animaux, qui le mangent bien ; mais c'est en général un assez mauvais fourrage, surtout pour les vaches laitières, car lorsqu'elles en mangent beaucoup, elles donnent très-peu de lait. Plusieurs agriculteurs le regardent aussi comme nuisible à la santé des moutons.

Dans les terrains nouvellement défrichés, et dans ceux qui sont trop légers et trop pauvres pour produire une autre récolte de printemps, le sarrasin offre une précieuse ressource. Avec une faible quantité d'engrais, il forme une très-bonne préparation pour toutes les récoltes de céréales.

Sur un friche de deux ou trois ans, on obtient une très-belle récolte de sarrasin, si l'on a pu, au moyen de plusieurs labours, pulvériser la surface du sol. Il est fort important de semer très-clair : 80 à 100 litres par hectare suffisent.

S'il est épais et qu'il vienne de la sécheresse, chaque tige donne une petite fleur qui ne produit rien, et, les branches latérales n'ayant pas où se développer, la récolte est perdue.

Au contraire, avec les semailles claires, des branches vigoureuses se forment et donnent naissance à des fleurs qui produisent une grande abondance de grain.

Le sarrasin lève bien par la sécheresse; mais il lui faut de la pluie lorsqu'il prend sa troisième feuille. Après cette époque, une température douce et de la chaleur alternant avec de petites pluies lui sont tout-à-fait favorables. Après la floraison, un temps sec est avantageux pour permettre au grain de mûrir.

Les orages, même sans pluie, et les vents violents font couler les fleurs.

La maturité du grain est souvent très-inégale; c'est pour cela que l'on récolte le sarrasin lorsque la majeure partie des grains sont noirs. On le coupe à la faulx ou à la faucille, et on le lie par poignées assez grosses pour qu'elles se tiennent debout.

La paille du sarrasin se décompose facilement et forme un très-bon engrais, lorsqu'elle a servi à faire la litière.

On en cultive une espèce connue sous le nom de

sarrasin de Tartarie, dont le grain est d'une qualité inférieure à celle du sarrasin ordinaire. Cependant, comme
il est plus rustique et qu'il craint moins les gelées, on
peut le semer pour enfouissage et lorsqu'on veut
faire des semailles ou hâtives ou très-tardives.

Ainsi, après le colza, on peut obtenir une récolte
très-abondante de ce sarrasin, qui convient bien à la
nourriture du bétail. Mais son grain tombant facilement et se conservant dans la terre, il faut avoir
soin de le laisser lever avant de faire le labour,
sans quoi la récolte suivante, si c'est une céréale de
printemps, en serait remplie. Un fort hersage après la
récolte facilite la germination des grains qui, enfouis
profondément dans le sol, infesteraient les récoltes pendant plusieurs années.

Les engrais et amendements en poudre, tels que le
guano, le noir animal, les poudrettes, les cendres,
qui cèdent promptement leurs principes nutritifs, ou
se mêlent facilement au sol, conviennent bien pour le
sarrasin.

La culture du sarrasin serait moins dispendieuse si,
comme nous l'avons déjà dit en parlant de l'ameublissement du sol, les vaches ne passaient pas une partie
du temps sur les champs qui sont destinés à le recevoir.
Les sols argileux, détrempés par les pluies et pié-
tinés par les animaux, deviennent tout-à-fait intrai-
tables lorsqu'on veut labourer; ce que l'on fait du reste
le plus tard possible, afin de conserver un maigre
pâturage. La terre alors se lève en grosses mottes,

qu'il faut briser à la main, avec beaucoup de fatigue et de temps; travail que les herses et les rouleaux exécuteraient beaucoup mieux.

Pour vous, mes jeunes amis, si vous bannissez cette pratique vicieuse, vos voisins seront étonnés de voir vos guérêts très-meubles; mais, au lieu de vous imiter, la plupart soutiendront que votre terre est d'une autre nature que celles qu'ils cultivent.

# SEPTIÈME LEÇON.

### Plantes sarclées.

1. — On donne le nom de plantes sarclées à celles dont la culture exige des sarclages et des binages.

Ces récoltes remplacent la jachère (1); telles sont : les pommes de terre, les betteraves, les navets, les choux, les colza, les carottes, etc.

Les plantes sarclées et les fourrages artificiels doivent tenir une grande place dans notre culture, au moins moitié; car leur consommation par les bêtes de la ferme augmente la quantité et la qualité du fumier, et les soins que réclame leur production contribuent puissamment à purger les terres des mauvaises herbes, qui, dans les cultures négligées, dévorent les récoltes.

Ces plantes, formant la tête de tout assolement bien entendu, exigent de profonds labours qui aident aussi à la destruction des mauvaises herbes.

Comme nous l'avons dit en parlant des défoncements, si on opère sur une terre dont le sous-sol n'est pas de bonne qualité, et si on ne dispose que d'une petite quantité d'engrais, la fouilleuse (fig. 20)

---

(1) Voir l'article assolement, où l'on donne des explications sur les jachères.

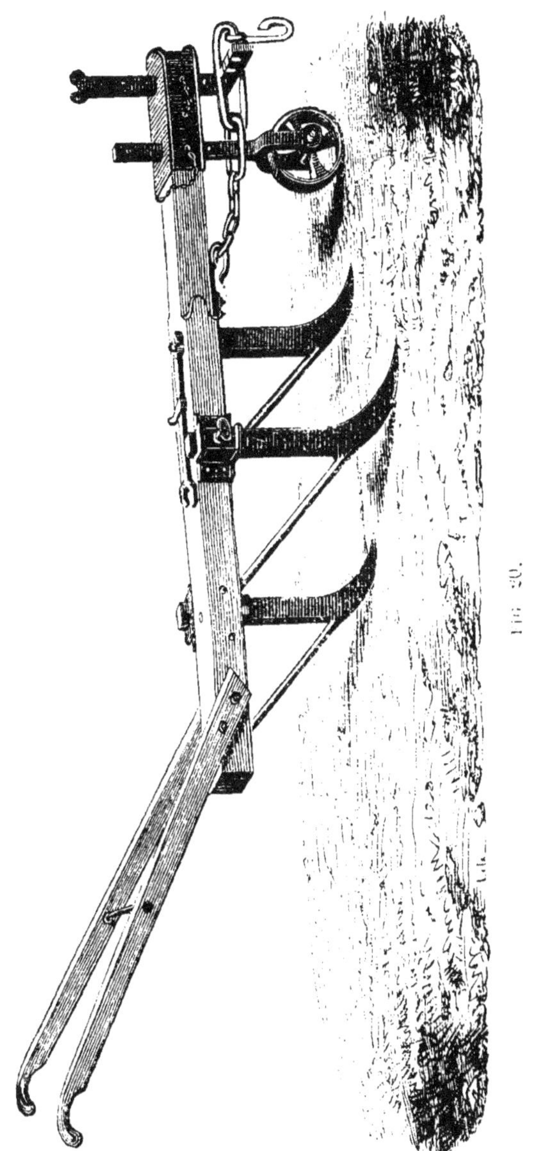

devra être préférée aux charrues. Elle rompra et remuera profondément les couches imperméables, sans ramener à la surface les couches infertiles.

Si, au contraire, on agit sur des champs fortement fumés depuis long-temps, et à sous-sol de bonne qualité, il y aura grand avantage à employer certaines charrues qui ramèneront à la surface les couches inférieures où se sont accumulées des matières utiles à la végétation.

La couche labourable deviendra plus considérable, et les mauvaises herbes, précipitées au fond de la raie par un premier versoir, sont profondément recouvertes par le travail d'un second versoir (voir fig. 21).

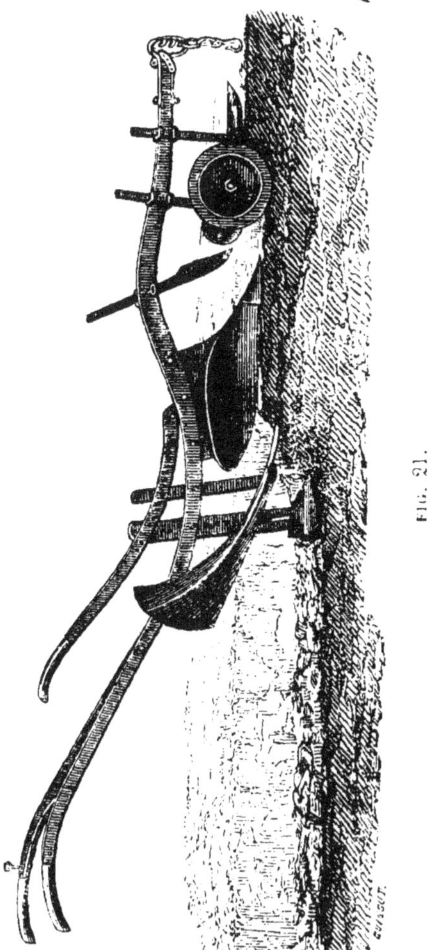



*Pommes de terre.*

2. — La pomme de terre est la plus précieuse récolte qu'on puisse adopter en remplacement de la jachère; car elle fournit une nourriture abondante pour les animaux, et offre une ressource assurée aux hommes contre la disette.

Toutes les terres conviennent à la pomme de terre, pour peu qu'elles soient ameublies par plusieurs labours et fortement fumées. Les terres sablonneuses, même les plus légères, sont propres à la culture des pommes de terre. Un enfouissement de plantes vertes, telles que du trèfle incarnat ou du seigle, peut remplacer une partie du fumier. Dans nos cultures, vous avez vu que cette méthode a été couronnée d'un plein succès. Elle s'accommode aussi très-bien d'un fumier frais, surtout dans les terres argileuses.

Les pommes de terre plantées sur une vieille prairie ou sur un vieux trèfle donnent des produits énormes.

On cultive plusieurs sortes de pommes de terre : celles qui nous ont réussi le mieux jusqu'à présent sont les jaunes précoces ou *primes* et les jaunes *demi-précoces*. Ces deux espèces donnent beaucoup ; elles sont recherchées par leur bonne qualité, et ce qu'il y a de plus précieux, c'est qu'elles sont mûres pendant la belle saison : aussi, en les arrachant, on n'a point l'inconvénient de fouler et tasser la terre, comme il arrive pour les tardives.

Les moyennes et les grosses pommes de terre coupées en morceaux conviennent mieux pour la plantation que les petits tubercules. On plante de mars en avril ; celles qui sont mises en terre de trop bonne heure produisent moins que celles que l'on plante en avril.

Après une récolte de céréales, on donne un premier labour en automne, ensuite un hersage, et l'on mène pendant l'hiver le fumier sur le premier labour. Aussitôt que la terre est assez ressuyée, on donne un second labour et un hersage en mars; et, enfin, on laboure pour la troisième fois vers le mois d'avril, en plantant les pommes de terre.

Voici la manière la plus simple, la meilleure et la plus expéditive de planter : on divise le champ en plusieurs larges planches et l'on en commence deux.

Pendant que les ouvriers mettent les pommes de terre dans les raies d'une de ces planches, comme nous allons l'indiquer, la charrue recouvre celles qui ont été placées dans l'autre planche, de manière à ce que les planteurs travaillent alternativement dans les deux planches et ne s'y rencontrent point avec les chevaux.

On plante derrière la charrue, en ayant soin de laisser deux raies vides et de planter dans la troisième pour les deux espèces tardives; pour les espèces hâtives, on plante de deux raies l'une; de cette manière, les lignes sont assez espacées pour permettre d'enlever les mauvaises herbes, au moyen des sarcloirs et buttoirs.

On doit avoir soin, en plantant, de mettre les pommes de terre au milieu de la bande de terre retournée par la charrue, de manière qu'elles se trouvent dans la terre meuble (voyez la fig. 22).

FIG. 22.

Par ce moyen, l'humidité, qui séjourne au fond de la raie dans les années pluvieuses, ne peut les attaquer, et les bêtes de trait ne les dérangent pas en marchant dans la raie. Aussitôt la plantation faite, on herse le sol, et, même en temps sec, on peut donner un coup de rouleau. En terre très-meuble, on peut encore planter dans des raies ouvertes avec le buttoir ou avec le rayonneur (fig. 23).

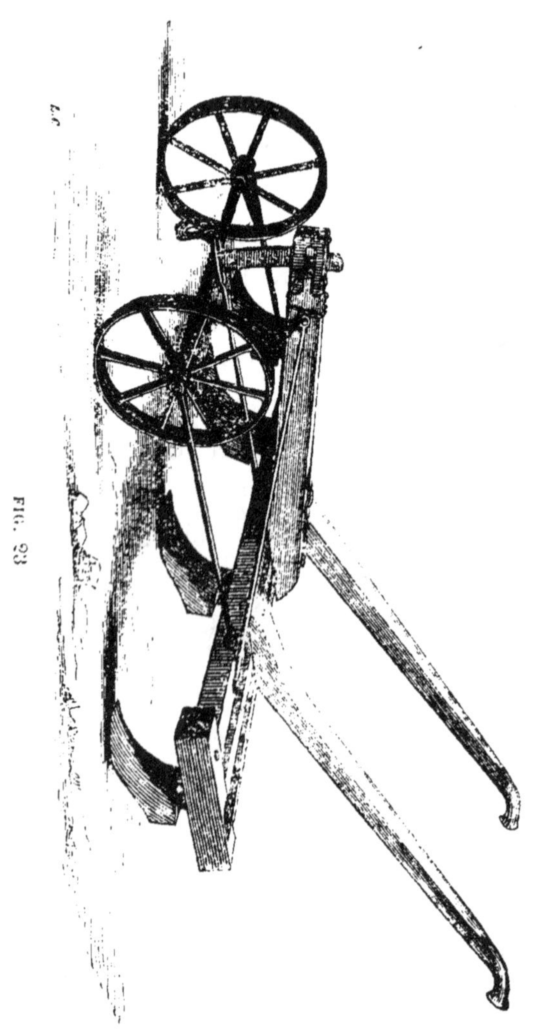

Fig. 23.

Lorsque les pommes de terre commencent à paraître, on donne un second hersage pour faciliter leur sortie.

Quelque temps après, les lignes sont nettoyées à la houe à cheval, ou à la charrue, dont on enlève le versoir; plus tard, lorsqu'elles ont atteint deux ou trois décimètres de hauteur, on les butte avec la charrue à deux versoirs (1).

Lorsque les tiges et les feuilles des pommes de terre sont sèches, on peut les arracher. La charrue à deux versoirs, dont on a enlevé le coutre, convient très-bien pour cette opération, et les pommes de terre sont moins exposées à être coupées et meurtries qu'avec les houes. Pour exécuter convenablement ce travail, on fait passer le soc du buttoir sous la ligne de pommes de terre, et on ne lève d'abord que la moitié des rangs. En les levant tous ensemble, les pommes de terre arrachées dans le sillon précédent seraient recouvertes par la terre remuée dans le rayon voisin : c'est donc de deux l'une que doivent être arrachées les lignes.

Après avoir ramassé les pommes de terre arrachées par le buttoir, on découvre avec le crochet à deux dents ou le râteau les tubercules qui ont été recouverts par une légère couche de terre.

Il faut bien se garder de retrancher les feuilles et les tiges avant la maturité des pommes de terre, car le produit en serait considérablement diminué.

---

(1) Les binages et buttages doivent être terminés avant l'époque de la floraison.

Quelques personnes ont essayé de couper les feuilles pour la nourriture des animaux. Cette pratique a plusieurs graves inconvénients et ne présente aucun avantage : 1° Comme nous venons de le dire, on diminue sensiblement le produit; 2° les animaux ne mangent pas les feuilles des pommes de terre avec plaisir, et enfin, c'est une mauvaise nourriture (1).

3. — Outre les ressources que les pommes de terre consommées en nature fournissent pour la nourriture de l'homme et des animaux, on en retire un excellent produit, qui est la fécule. Cette matière, qui a l'apparence de belle farine, ne pourrait pas seule servir à faire du pain ; mais, en la mélangeant à la farine de blé-noir, on en obtient d'excellente galette, et un vingtième ajouté à la farine de froment donne de très-bon pain. On en fait aussi une bouillie au lait, aussi agréable qu'économique.

Pour obtenir la fécule, il ne s'agit que de broyer les pommes de terre au moyen d'une râpe ou de tout autre instrument, de manière à les réduire en pâte fine comme une bouillie. On dépose ensuite cette pâte sur un tamis en crin, et l'on verse trois ou quatre fois de l'eau

---

(1) Depuis assez long-temps, les pommes de terre ont été atteintes d'une grave maladie qui d'abord a détruit les tiges et les tubercules. L'intensité de cette maladie semble avoir considérablement diminué, et dans les terrains secs certaines espèces ne sont plus attaquées. On peut espérer qu'elle finira par disparaître.

On avait proposé grand nombre de remèdes dont l'efficacité est restée douteuse.

dessus, de manière à retirer toute la matière farineuse qui est entraînée et tombe au fond du baquet sur lequel est placé le tamis. On laisse le dépôt se former; au bout de quelque temps, on renverse doucement le baquet, afin d'écouler l'eau; on délaie dans de nouvelle eau et l'on en ajoute encore après repos, jusqu'à ce que toute la fécule soit devenue très-blanche, ce qui a lieu après deux ou trois lavages. On place ensuite la fécule sur des planches, des paniers ou des châssis garnis de toile, et, à défaut d'étuve ou chambre chaude, on la fait sécher dans le four, lorsque le pain en est retiré. Quand elle est sèche, on l'écrase et on la tamise.

Pour avoir de bonnes pommes de terre, il est indispensable de les mettre à l'abri du jour; sans cela, elles verdissent et prennent un mauvais goût. On doit donc prendre grand soin de tenir exactement fermées les plus petites ouvertures des celliers. On conserve aussi les pommes de terre en silos, où elles doivent être ramassées bien sèches.

### *Betteraves.*

4. — Les betteraves cultivées comme racines fourragères sont une précieuse ressource pour la nourriture des animaux pendant l'hiver. Elles réussissent dans presque toutes les terres, pourvu qu'elles soient bien ameublies par plusieurs labours très-profonds, et fortement fumées. Cependant, elles préfèrent les sols argileux et frais. Un labour d'automne et deux de printemps sont indispensables.

Il y a un grand nombre de variétés de betteraves. Les graines prises sur les mêmes pieds produisent souvent des racines de nuances différentes.

Nous avons cultivé pendant long-temps la blanche, dite betterave de *Silésie*, et la rose ou *disette*. Ces deux espèces donnent d'énormes racines et conviennent, par cette raison, pour la nourriture des animaux. La blanche me paraît cependant préférable; elle est plus serrée que la disette, et elle est moins sensible aux grandes chaleurs et aux premières gelées. La betterave dite jaune-globe est aussi une des bonnes espèces. Nous la cultivons maintenant avec succès.

Nous avons remarqué, dans notre pratique, que le fumier enterré au premier ou au deuxième labour, et parfaitement mélangé au sol par les labours qui suivent, produisait un meilleur effet sur les betteraves que lorsqu'on l'appliquait au dernier labour.

On sème de deux manières : en pépinière ou à demeure. Dans la première méthode, fin mars et commencement d'avril conviennent bien pour la semaille; alors, le plant est assez fort pour être repiqué en mai, ou au plus tard en juin.

5. — Ces pépinières doivent être faites dans une terre bien ameublie et bien engraissée, car il est très-important que le plant soit vigoureux. Lorsque la graine est semée à la volée, encore mieux en rayons et enterrée au râteau, on recouvre avec du terreau ou du crottin de cheval ; une légère couche suffit pour éviter le tassement de la terre par la pluie et donner aux

jeunes plants de betteraves des aliments faciles à absorber.

On transplante en lignes espacées de 8 décimètres environ, et on laisse entre les betteraves 5 décimètres dans les rangs.

Cette distance, qui paraît très-grande, est indispensable pour obtenir de belles racines, et permet l'emploi de la houe à cheval pour les sarclages.

6. — Lorsqu'on sème sur place, la fin de mars ou même le commencement d'avril est la saison convenable pour les terres argileuses; février ou mars pour les terres légères. On espace les lignes comme celles qui sont transplantées, et l'on sème au semoir ou à la main. Trois personnes suffisent pour cette opération : la première fait avec une petite houe des trous d'environ 3 centimètres de profondeur, espacés de 5 décimètres; la seconde met dans chaque trou 3 ou 4 graines de betteraves, que l'on a eu soin de mouiller un ou deux jours avant la semaille, afin d'en accélérer la germination, circonstance souvent favorable aux jeunes betteraves, qui, en se développant plus rapidement que les mauvaises herbes, ne craignent plus d'être envahies aussi facilement; la troisième recouvre la graine avec un peu de terre, et, lorsqu'on veut avoir un plein succès, un quatrième ouvrier, muni d'un panier rempli de terreau, de vieux fumier ou de poudrette, en dépose une petite quantité sur les graines recouvertes auparavant d'un peu de terre.

Lorsque les jeunes plantes ont trois ou quatre feuilles,

on ne laisse qu'un seul pied dans chaque trou ; on les sarcle ensuite autant de fois que le besoin l'exige. La houe à cheval convient parfaitement pour cette opération. Les sarclages et les binages doivent être très-fréquents ; ce n'est qu'à ce prix qu'on obtient de belles récoltes.

Depuis que nous semons nos betteraves en place, elles acquièrent un volume extraordinaire, et vous avez pu remarquer aussi qu'elles ont très-peu de petites racines, mais seulement un gros pivot.

Au lieu de semer à plat, après avoir donné deux ou trois labours et autant de hersages, nous formons de petits billons de deux bandes de terre adossées; ils ont à peu près 8 décimètres de largeur. Lorsqu'ils sont faits, nous remplissons de fumier l'intervalle entre les billons, puis, le premier billon refendu, on en fait un nouveau qui renferme le fumier. Le sommet est ensuite dressé d'un coup de râteau, et on sème comme il vient d'être indiqué. Ces petits billons ont plusieurs avantages, dont les principaux sont : 1º de donner à la plante une couche de terre meuble plus épaisse; 2º de faciliter les sarclages et éclaircissages, parce que les ouvriers chargés de les exécuter trouvent facilement les lignes et ne sont point exposés à mettre le pied sur les plantes; 3º de rendre le travail des sarcloirs et des bineurs à cheval bien plus facile à exécuter; 4º enfin, de rassembler sous la betterave une grande quantité d'engrais.

Cette méthode est la meilleure pour obtenir de grosses racines.

Les feuilles de betteraves ne sont pas très-nutritives ; cependant elles offrent une ressource pour la nourriture des bestiaux dans les années sèches ; mais on doit attendre pour les cueillir qu'elles s'abaissent vers la terre, et ne prendre successivement que celles qui commencent à jaunir. Il vaut encore mieux ne pas effeuiller, car pour profiter de cette mauvaise nourriture, on diminue considérablement le produit des racines, qui ont beaucoup plus de valeur.

On ramasse les betteraves vers la fin d'octobre. Elles donnent des récoltes très-abondantes lorsqu'elles sont bien soignées ; elles fournissent une nourriture très-saine pour les animaux ; la récolte en est peu dispendieuse, et enfin elles sont d'une conservation très-facile, en silos ou dans les celliers.

Outre leur grande utilité pour la nourriture des animaux, les betteraves servent encore à faire du sucre et de l'alcool. Les bornes de ces leçons ne nous permettent pas de nous étendre sur ces fabrications, quoiqu'elles se lient étroitement à l'agriculture.

### *Carottes et Panais.*

7. — Les carottes et les panais, que l'on sème toujours en place, sont généralement d'un bon rapport ; leur culture est à peu près la même que celle des betteraves ; cependant la carotte est plus difficile à faire lever dans nos terres fortes, et les sarclages peuvent devenir

très-dispendieux (1). On cultive plusieurs variétés de carottes que nous pouvons rapporter à deux espèces bien distinctes : les jaunes de différentes nuances, et la blanche à collet vert.

Cette dernière espèce, étant une des plus vigoureuses, convient très-bien à la culture champêtre.

Elles réussissent très-bien sur les terrains un peu sablonneux. Lorsqu'on les sème dans des terres plus compactes, il faut que celles-ci soient parfaitement ameublies.

Trois à quatre labours très-profonds sont nécessaires. Les hersages ne doivent pas non plus être épargnés. Lorsque la terre a été bien préparée, on trace, comme pour les betteraves, de petits billons, sur lesquels on sème. Ils doivent être moins espacés que pour les betteraves (2). La graine ne doit être que très-légèrement recouverte. Aussitôt que les carottes sont levées, on sarcle et on bine. Les binages surtout leur sont très-profitables. Après ces premiers binages, qui doivent être assez fréquents, il faut les entretenir nettes de mauvaises herbes.

Les panais et les carottes conviennent très-bien à la nourriture de tous les animaux, mais particulièrement

(1) Les carottes seront donc pour les terres légères et les betteraves pour les terres fortes.

(2) La terre ayant été fumée aux labours préparatoires, il n'est pas nécessaire de mettre l'engrais dans les billons. Par ce moyen, les carottes et les panais sont mieux faits et ont moins de petites racines.

à celle des chevaux, qui peuvent se passer d'une partie de leur ration d'avoine lorsqu'ils reçoivent par jour une dixaine de kilogrammes de ces racines. On emploie 4 à 5 kilogrammes de graine par hectare, lorsqu'on sème à la volée, et moitié moins lorsque l'on sème en lignes. Sur un sol très-riche, on sème aussi les carottes au printemps dans le lin, dans le seigle ou dans le froment ; mais cela ne peut convenir que dans les terres très-riches et très-propres, et nous conseillons toujours de semer en lignes.

On arrache les carottes à la pelle, ou encore mieux avec des fourches à dents plates. Lorsqu'elles sont arrachées, elles peuvent rester quelque temps sur le sol, où elles sont lavées par les pluies ; ensuite on les ramasse dans les celliers ou en silos. Les panais et les carottes sont bien moins sensibles au froid que les betteraves.

Les carottes donnent de plus belles racines semées sur une terre qui a reçu de fortes fumures pour les récoltes précédentes, que lorsqu'on est forcé de fumer immédiatement avant la semaille. Dans ce dernier cas, on doit employer de préférence les fumiers bien consommés.

## Navets, Choux-Navets et Rutabagas.

8. — Les navets, les choux-navets et les rutabagas réussissent, en général, mieux que les betteraves dans les terres nouvellement défrichées. Ils ne redoutent pas

les principes acides qui se rencontrent souvent dans ces sortes de terres, et donnent quelquefois des produits aussi abondants que dans les terres de meilleure qualité.

Les navets se sèment en place. On en tire un bon parti en les faisant en juin ou en juillet; les plus grosses racines sont consommées en automne et en hiver. Au printemps, ce qui reste en terre donne encore un bon fourrage.

Lorsqu'on sème les navets comme récolte dérobée, c'est-à-dire après une céréale, sur la terre destinée à porter l'année suivante des pommes de terre, des betteraves ou du sarrasin, il arrive souvent qu'ils fournissent peu de grosses racines; mais on obtient toujours un fourrage abondant pour le printemps. On sème environ 5 à 6 kilogrammes de graine par hectare; on recouvre très-légèrement d'un trait de herse, qui doit être suivi d'un coup de rouleau; assez souvent même le rouleau suffit.

Les rutabagas et les choux-navets exigent les mêmes soins et à peu près la même préparation que les betteraves semées en pépinières et transplantées ensuite; seulement les semis sont beaucoup moins assurés que ceux de betteraves. Les pucerons ou puces de terre en sont très-friands et les détruisent souvent. Il faut donc, pour être assuré d'avoir du plant, semer en différents endroits et à plusieurs fois, en commençant de bonne heure et en donnant aux semis de fréquents arrosages.

Les rutabagas doivent être transplantés et non semés sur place, parce que les jeunes plants étant très-délicats dans leur jeunesse, il vaut mieux les élever sur un terrain riche, bien préparé, et que l'on puisse biner et sarcler facilement.

La transplantation peut être plus tardive que celle des betteraves, mais elle veut être faite par un temps un peu humide; car les rutabagas et les choux-navets reprennent assez difficilement par la sécheresse.

On peut mettre un peu moins d'écartement entre les lignes que pour les betteraves. Les petits ados dont nous avons parlé pour ces dernières plantes conviennent bien à la culture des rutabagas. On sarcle et on bine comme nous l'avons indiqué pour les autres racines.

Les feuilles des rutabagas et des choux-navets sont plus nutritives que celles des betteraves, et les vaches n'ont pas autant la diarrhée lorsqu'elles en mangent que lorsqu'elles sont nourries avec les feuilles de ces dernières plantes.

Les rutabagas et les choux-navets sont très-peu sensibles à la gelée; mais ils sont d'une conservation assez difficile en silos.

*Silos.*

Toutes les racines des plantes sarclées se conservent généralement bien dans les celliers; mais quand on en cultive une grande quantité, on manque souvent d'espace pour les serrer. A défaut de celliers assez vastes, on emploie la méthode des silos.

**9.** — On pratique les silos (voyez la figure 24)

FIG. 24.

en creusant une fosse de 1 mètre à 1 mètre **7** décimètres de largeur, sur une longueur indéterminée, et une profondeur de **2** à **5** décimètres. On remplit cette fosse de racines bien saines et qui n'ont point été meurtries. On les dispose en tas arrangés avec soin, et offrant deux plans inclinés réunis à leur sommet, comme le toit d'un bâtiment. Ensuite on les recouvre de **5** à **7** décimètres de terre, après avoir mis une légère couche de paille, qui empêche la terre de se mêler aux racines. De petits fossés creusés autour du tas, et que l'on a soin de faire plus profonds que la fosse où sont les racines, facilitent l'écoulement des eaux, et fournissent la terre qui sert à recouvrir le tas. Par ce procédé, on conserve les pommes de terre, et surtout les betteraves, avec beaucoup de facilité et un plein succès.

Toutes les racines doivent être bien nettoyées avant de les faire consommer. On pourrait les laver dans des auges, dans des baquets ; mais ce travail serait lent et dispendieux. Des cylindres mis en mouvement à bras d'homme font beaucoup mieux et plus rapidement. Par une disposition très-simple, les racines mises dans la trémie, sont prises par une hélice qui les conduit à l'extrémité du cylindre, d'où elles sortent seules parfaitement nettoyées (fig. 25).

FIG. 25.

*Colza.*

10. — Le colza est une espèce de choux que l'on cultive pour la graine, dont on tire de l'huile, et aussi pour les feuilles, qui donnent du fourrage vert. Il réussit dans les terres argileuses; mais il faut qu'elles soient bien égouttées.

Les terres à froment sont très-propres à la culture

du colza. Il réussit bien sur les sols d'alluvion. Comme toutes les plantes de cette famille (dite des crucifères) (1), il ne redoute pas l'âcreté et l'acidité des terrains nouvellement défrichés et semble une des premières plantes à y cultiver. C'est encore une des récoltes les plus profitables sur une prairie rompue par un seul labour, et, dans ce cas, il est une très-bonne préparation pour les céréales. Une condition indispensable à sa réussite est, comme nous l'avons dit, que la terre soit parfaitement égouttée ; on ne saurait trop insister sur ce point.

On sème en place ou en pépinières ; la fin de juillet convient pour les pépinières ; lorqu'on sème sur place, on peut attendre jusqu'à la fin d'août.

La puce de terre (altise) détruit souvent les semis de colza. Il faut, pour assurer le plant, semer en terre riche et bien préparée, afin que le colza, poussant très-vigoureusement, puisse échapper aux ravages de ces terribles insectes. En attendant un temps humide pour semer, on a moins à redouter les pucerons, parce que le colza pousse plus vigoureusement, et aussi parce que l'humidité est nuisible à ces insectes.

La terre doit être parfaitement ameublie à la surface, pour faire les semis sur place ou en pépinières ; on sème à la volée ou en lignes, environ 8 litres de graine par hectare, et l'on recouvre la graine d'un coup de herse qu'il est presque toujours très-avantageux de faire suivre d'un coup de rouleau.

______

(1) Voir l'*Herbier agricole*.

La terre qui est destinée à recevoir le colza doit être préparée par deux ou trois labours. Si c'est après une céréale, il faut une plus grande quantité de fumier que lorsqu'on met le colza après du sarrasin ou des vesces fauchés en vert; après des pommes de terre hâtives ou après des betteraves (1), on peut se dispenser de fumer.

Lorsqu'on a fait des semis, on peut transplanter au plantoir ou à la charrue. Si on plante à la charrue, on met les plants dans toutes les raies, en les espaçant de deux à trois décimètres sur la ligne; par ce moyen, la terre se trouve bien garnie et les mauvaises herbes sont étouffées.

On peut aussi laisser une ou deux raies vides, et mettre les plants dans la deuxième ou dans la troisième, de manière à obtenir un intervalle de 4 à 7 décimètres entre chaque ligne; cela permet de biner avec la houe à cheval.

La plantation à la charrue ne nous a que médiocrement réussi; nous préférons le plantoir à deux branches.

Le semis en place se fait en lignes, dans un terrain bien préparé à l'avance. Dans ce cas, le colza ne peut que difficilement succéder à une céréale, parce qu'on n'a pas assez de temps pour labourer convenablement le sol (2).

Le colza gèle quelquefois, lorsque, pendant l'hiver,

---

(1) Après les betteraves, il est souvent un peu tard.

(2) C'est surtout pour les semis sur place que le guano est précieux.

il vient des alternatives de gelées et de dégel. Celui dont le collet est à fleur de terre, et qui se trouve sur un sol bien égoutté, est moins exposé que celui dont la tige s'élève au-dessus du sol.

Au printemps, lorsque le colza commence à monter et que la végétation est trop avancée, il est quelquefois avantageux de l'étêter. Cette opération fait développer un grand nombre de tiges latérales qui mûrissent plus également.

On coupe le colza lorsqu'un tiers à peine des siliques contient de la graine noire. On le laisse sécher en petits tas pour le battre ensuite sur des toiles dans le champ même, ou bien on le rentre dans les granges au moyen de charrettes garnies de toiles. Dans ce cas, on le lie en petites gerbes aussitôt qu'il est coupé, avant que les siliques desséchées au soleil laissent trop facilement échapper la graine.

Les tas sont préférables. Voici comment nous les faisons : on place les javelles circulairement, le sommet au centre ; on continue à mettre les javelles, en croisant de plus en plus, jusqu'à une hauteur d'environ deux mètres.

Lorsque le tas est ainsi terminé, on prend l'extrémité inférieure de quelques brins, environ à deux tiers de la hauteur du tas; on les relève et on les attache sur le haut, de manière à empêcher que le vent ne le renverse, lorsqu'il commence à sécher.

On bat le colza au fléau sur des toiles, et encore mieux avec des machines spéciales. Comme le battage est très-facile et très-expéditif, les machines ne conviennent que pour les grandes exploitations ; mais dans ce cas elles ont l'avantage de la célérité et de la régularité dans le travail.

La graine, nettoyée en partie de ses siliques, doit être étendue sur le plancher d'un grenier, et remuée très-souvent, pour éviter qu'elle ne s'échauffe.

Quoique le colza soit une plante épuisante, les céréales réussissent très-bien après lui. On peut donc le faire entrer dans les assolements alternes avec avantage.

La paille de colza, employée comme litière, fait de très-bon fumier, et les siliques, conservées pour l'hiver, sont propres à la nourriture des bêtes à laine et des bêtes à cornes.

Dans les terres trop peu substantielles pour produire du colza, on cultive la navette. Cette dernière plante se sème toujours sur place, soit qu'on la cultive pour en récolter la graine, soit comme fourrage.

Lorsqu'on cultive le colza pour fourrage printanier, on le sème comme les navets destinés au même usage ; on emploie par hectare environ dix à douze litres de graine, que l'on recouvre d'un léger trait de herse, suivi par le rouleau, lorsque la terre n'est pas humide.

### *Moutarde.*

11. — La moutarde blanche, que l'on cultive pour ses graines, forme aussi un fourrage vert très-abondant en automne. Lorsqu'on la cultive pour ce dernier usage,

on la sème en août, à raison de douze litres par hectare, sur un sol bien ameubli ; on recouvre d'un léger trait de herse. Lorsqu'on veut récolter la graine, il faut semer en avril ou mai.

La graine de moutarde blanche est employée par les fabricants de moutarde de table. On en consomme aujourd'hui une assez grande quantité en médecine ; mais le moyen de se procurer un large débouché est d'en faire de l'huile, qui est de très-bonne qualité et n'a rien de l'àcreté de la graine.

On obtient de belles récoltes de moutarde sur le sol des étangs desséchés.

### Choux.

12. — Les choux communs ou branchus forment une des récoltes sarclées les plus précieuses pour la nourriture des animaux. On les sème en mars ou avril pour être transplantés en mai ou juin; dans ce cas, on obtient une récolte de feuilles en automne ; ou bien on sème en août ou septembre, et l'on transplante en mars ou avril, de manière à récolter les feuilles en été. La réussite de ces derniers est moins assurée.

Il vaudrait mieux semer sur couche en février ou mars, transplanter ensuite sur un terrain bien préparé, aussitôt que les jeunes choux auraient trois ou quatre feuilles, puis replanter à demeure dans les champs, à 1 mètre de distance en tous sens.

L'avantage de cette plantation des jeunes choux en

pépinières est de former des chevelus qui en rendent la réussite plus assurée.

On peut les transplanter à la charrue comme le colza, mais en lignes espacées de 1 mètre. On sarcle et on bine entre les rangs avec la charrue sans versoir, et on butte avec le buttoir.

Les choux aiment les terres substantielles et fraîches; mais ils réussissent bien dans les terrains nouvellement défrichés, et même dans ceux de médiocre qualité.

Ce que nous avons dit de l'égouttement du sol pour le colza s'applique aussi à la culture des choux.

Cette récolte-fourrage est une des plus précieuses que l'on puisse faire pour la nourriture des vaches à l'étable.

*Fèves et Haricots.*

15. — Les fèves ou féveroles et les haricots, cultivés en lignes, forment une bonne préparation pour le froment.

Les fèves aiment les terres fortes et même les plus tenaces. On sème en lignes ou à la volée. La première méthode est préférable, parce qu'elle permet les binages.

On sème sous raie en février ou mars, à raison de deux à trois hectolitres par hectare, lorsqu'on sème à la volée; si on sème en lignes, on met trois ou quatre graines par décimètre. Aussitôt que les fèves sont levées, un hersage vigoureux leur fait beaucoup de bien, et ensuite les binages achèvent de détruire les mauvaises herbes (1).

Les haricots veulent une terre légère et sablonneuse. On les sème en lignes espacées de six à huit décimètres. On trace ces lignes au moyen de la houe à main, et l'on recouvre légèrement la graine, placée dans les petites rigoles, à cinq centimètres environ de distance l'une de l'autre. Les semoirs conviennent bien pour semer les haricots et les fèves.

On sème ordinairement en mai.

14.—Nous joindrons à ces cultures celles du chanvre et du lin, que nous ne regardons pas cependant comme plantes sarclées.

### Chanvre.

Le chanvre exige une excellente terre, fortement engraissée et bien ameublie par plusieurs labours, dont les derniers doivent être très-profonds.

Les terrains frais, et surtout ceux d'alluvion, lui conviennent. Il réussit moins bien dans les terres élevées et sèches.

Les fumiers chauds sont très-propres à la culture du chanvre.

On sème en mai, à la volée, à raison de 5 hectolitres

---

(1) Les fèves concassées forment une très-bonne nourriture pour les vaches, les porcs et les chevaux. Elles sont plus profitables à ces derniers animaux que l'avoine.

de graine par hectare (1); on recouvre d'un fort coup
de herse. Il est très-avantageux, après la semaille, de
mettre une légère couverture de fumier.

Lorsque le chanvre est en terrain qui lui convient, il
lève promptement, et sa végétation est assez rapide
pour étouffer toutes les mauvaises herbes. On doit,
à l'époque de la levée, le préserver des ravages occa-
sionnés par les petits oiseaux, qui en sont très-friands.

Lorsque le chanvre mâle (2) est défleuri, on l'arrache
brin à brin, et on laisse le chanvre femelle sur pied
jusqu'à ce que les graines soient mûres. Dans quelques
pays on coupe à la fois mâle et femelle, lorsque les
fleurs du premier sont passées.

La graine récoltée sur des pieds semés à une grande
distance les uns des autres est de meilleure qualité et
donne des récoltes plus belles que celle que l'on obtient
des chenevières cultivées pour la filasse, et sur lesquelles
cette graine n'atteint pas son entière maturité.

Le chanvre revient bien plusieurs fois de suite sur le
même sol.

*Lin.*

15.— Le lin aime également une bonne terre préparée

---

(1) Quand on veut avoir de la filasse très-fine, on sème plus
épais.

(2) Le chanvre mâle est celui qui fleurit sans produire de
graine et que l'on récolte le premier. Les pieds femelles sont
ceux qui portent la graine. Il ne faut pas perdre de vue que,
dans nos campagnes, on donne les dénominations inverses :
ainsi, l'on nomme *chanvre mâle* le *chanvre femelle.*

par plusieurs labours, et fortement fumée les années précédentes. Il vient aussi très-bien sur un sol de médiocre qualité, pour peu qu'il ait été profondément défoncé (1). Si on applique directement les fumiers à la culture du lin, quelques brins poussent très-vigoureusement et les autres sont presque étouffés. Cette inégalité dans la végétation ôte beaucoup de valeur à la récolte. Lorsque la terre n'est pas assez riche des fumiers mis d'avance, le meilleur engrais à employer est le guano.

Le lin réussit aussi très-bien sur un trèfle ou sur une prairie rompue par un seul labour. Lorsque ce labour est bien fait, et que la terre est de bonne qualité, on obtient ordinairement par ce moyen une récolte très-égale.

On cultive dans notre département deux espèces de lin (2) : l'un se sème en automne et l'autre au printemps (*mars ou avril*). La filasse du lin d'hiver est plus grossière que celle du lin de printemps ; mais cette espèce est moins exigeante sur la nature du terrain (3).

On sème de 2 à 5 hectolitres de graine par hectare, et on la recouvre légèrement à la herse ou au râteau.

Pour avoir de belles récoltes de lin, on ne doit le

(1) Il réussit bien sur les terrains légers et sablonneux, qui ne conviennent pas aussi bien au chanvre que les terrains un peu plus compactes.

(2) Une variété à fleur blanche est estimée pour sa culture facile et son bon produit en graine et en filasse.

(3) Le lin forme une mauvaise préparation pour les céréales.

ramener sur le même sol qu'après plusieurs années d'intervalle.

On croit généralement qu'en semant du lin très-clair, et en le laissant mûrir complétement sur le sol, la graine donne des récoltes beaucoup plus belles et plus vigoureuses.

Lorsque les feuilles du lin jaunissent, on peut le récolter pour en faire de la filasse. On l'arrache à la main et on le lie en petites bottes qu'on dresse debout sur le sol, après que les tiges sont écartées par le pied. Au bout de huit ou dix jours, lorsque la graine n'est plus verte, on bat les têtes sur un billot avec un morceau de bois, de manière à faire sortir les graines de leurs enveloppes.

Pour obtenir la filasse du lin et du chanvre, on les fait rouir en les plaçant dans l'eau par petits paquets qu'on y maintient plus ou moins long-temps. Les eaux un peu stagnantes conviennent mieux que celles qui sont trop vives.

Lorsque la matière gommeuse qui lie les fibres du chanvre est dissoute, on le retire de l'eau, et l'on fait sécher les bottes debout, en les écartant par le pied.

Pour le lin, on se contente quelquefois de l'étendre sur les prairies. Cette méthode est bonne, mais elle a plus d'inconvénients que le rouissage à l'eau.

Le rouissage est difficile à obtenir convenablement et d'une manière uniforme; il est d'ailleurs très-nuisible à la santé des habitants des campagnes par suite des exhalaisons qui s'échappent des rotoirs. Nous formerons donc des vœux pour que le rouissage par les procédés perfectionnés soit introduit dans notre département.

Le lin et le chanvre, après le rouissage, sont séchés à l'air et ensuite au four (1). On les broie avec des instruments destinés à cet usage, afin de séparer les tiges de la filasse, et ensuite la filasse est peignée et pilée de manière à bien diviser tous les brins, et aussi pour en obtenir de différentes qualités.

Il se fabrique aujourd'hui des machines à broyer et teiller, qui font un travail bien meilleur et plus économique que la broie à main de nos villages; mais jusqu'à présent elles n'ont pu être employées que dans de grands établissements.

_______

(1) Si le four est trop chaud, la qualité de la filasse est souvent très-altérée.

# HUITIÈME LEÇON.

## Prairies.

Les prairies sont naturelles ou artificielles.

### *Prairies naturelles.*

1. — On nomme prairies naturelles celles qui se forment ou se soutiennent ordinairement sans le concours des travaux de l'homme, et qui sont composées de différentes espèces d'herbes, presque toutes de la famille dite des graminées (1). Elles n'exigent que des soins d'entretien; cependant, lorsqu'on veut obtenir des récoltes abondantes, il est indispensable de les fumer.

Des terreaux ramassés dans les cours, les balles des céréales et tous les débris des récoltes qui pourraient introduire des graines de mauvaises herbes dans les fumiers ordinaires, conviennent bien pour les prairies, après avoir été trempés dans le jus de fumier, ainsi que les cendres lessivées et la suie. On peut encore augmenter la fertilité des prairies et en retirer des produits tout-à-fait extraordinaires, en les arrosant avec le jus des fumiers de la manière que nous avons indiquée en

(1) Voir l'*Herbier agricole.*

5

parlant des fumiers : soit avec une barrique placée sur une petite charrette ordinaire ; soit, encore mieux, au moyen du tombereau arroseur, qui, avec sa pompe et son distributeur, accélère le travail et le rend plus parfait (voir la fig. 3).

Nos prairies ainsi arrosées pendant tout l'hiver nous donnent un produit de 6,000 kilogrammes de foin sec par hectare ; et, comme vous le savez, les prairies élevées ne peuvent être comparées pour la fertilité naturelle à celles que l'on rencontre sur les bords des rivières, et qui sont en général formées de terre d'alluvion.

Lorsqu'on veut transformer en prairie un terrain humide et de bonne qualité, condition indispensable pour faire une prairie, on doit commencer par engraisser le sol, et le nettoyer au moyen des plantes sarclées. Un sol pauvre ou épuisé, abandonné à lui-même, se couvre d'herbes ; mais il n'est pas une prairie. Pour faire une bonne prairie, il faut d'abord faire une bonne terre. A l'époque de la semaille, on donne un léger labour et plusieurs hersages, de manière à obtenir une surface parfaitement unie et très-meuble. Les grandes inégalités auront été détruites avant cette époque, et le terrain dressé et nivelé de manière à ce que l'eau ne séjourne dans aucune partie.

On peut semer à deux époques différentes les graines destinées à faire les prairies : au printemps, dans une céréale, comme on le fait pour le trèfle ; et seules, en août ou septembre. Cette dernière saison paraît la plus convenable.

On sème souvent les graines tombées dans les greniers; mais il faut bien faire attention à n'employer que des graines de foin de bonne qualité et autant que possible provenant de terrains ayant de l'analogie avec celui qu'on veut transformer en prairie.

Lorsqu'on sème des graines de différentes plantes récoltées séparément, voici un mélange qui nous paraît assez convenable :

*Pour un hectare.*

| | |
|---|---|
| Ray-grass d'Italie......... | 15 kilogrammes. |
| Ray-grass d'Angleterre.... | 15 |
| Lupuline ou minette dorée. | 5 |
| Trèfle blanc............... | 5 |
| Trèfle commun........... | 20 |

Nous n'indiquons ici, de la famille dite des graminées, que les ray-grass, parce que leurs graines se trouvent plus communément chez les marchands que celles des autres graminées (1).

Si l'on pouvait se procurer d'autres graines de plantes de la même famille, on ajouterait le pâturin des prés, la fétuque des prés, le dactyle pelotonné, l'agrostis traçant, la fléole des prés, etc.

On sème toutes ces graines à la volée : d'abord celles

______

1) Ce mélange convient surtout pour les semailles de printemps dans une céréale.

des graminées mélangées, ensuite celles des légumineuses (trèfles, lupuline, etc.). Par ce moyen, la semaille est beaucoup plus égale que si on mêlait le tout ensemble.

Cette petite précaution est nécessaire; car des graines de pesanteurs différentes ne peuvent pas être semées d'une manière uniforme lorsqu'elles sont mélangées. Les plus lourdes et les plus lisses sont lancées très-loin, et les autres tombent aux pieds du semeur.

On recouvre les semences d'un léger trait de herse, ou simplement avec des épines, lorsque la terre est meuble.

Il est important que la semaille soit très-épaisse.

En semant en août ou septembre, on obtient presque toujours une récolte de foin dès l'année suivante.

Quoique l'humidité soit très-nécessaire aux prairies, il est indispensable de les niveler et de former des raies d'écoulement, pour les débarrasser des eaux stagnantes qui favorisent la croissance des herbes de mauvaise nature. Le drainage y est aussi avantageux que dans les terres labourables.

Lorsqu'on peut disposer d'un cours d'eau, il est important d'en profiter pour les arroser. Pour y parvenir, on creuse des rigoles dans lesquelles de petits barrages faits avec des mottes de terre et transportés successivement de distance en distance sur tout le cours des rigoles, font monter l'eau sur toute la prairie.

Au printemps, il est très-utile d'étendre les taupinières et de herser les prairies avec une herse en épines.

Cette opération a pour but de diviser le terreau qu'on a mis pendant l'hiver et d'abattre les petites inégalités qui se sont formées à la surface. Un coup de rouleau est encore d'un bon effet.

Le bon entretien des prairies naturelles exige qu'on n'y laisse pas le bétail pendant la saison humide. Les tassements du sol et les inégalités qui résultent du piétinement causent un préjudice dont nos agriculteurs ne tiennent pas assez compte. C'est surtout après les gelées que les animaux font le plus de tort (1).

Le système de culture généralement suivi dans notre pays contribue puissamment au mauvais aménagement des prairies. On ne pourra le rendre meilleur que lors-qu'on aura assuré l'existence des animaux à l'étable pendant le mauvais temps, au moyen des fourrages artificiels desséchés, et pendant la belle saison, par l'abondance des trèfles, vesces, luzernes, etc., et des récoltes fourrages dérobées, méthode qui tend à faire adopter la culture alterne (2).

---

(1) L'humidité qui séjourne dans les trous formés par les pieds des animaux favorise la propagation du jonc.

(2) Il est souvent avantageux de labourer les prairies hautes. En conservant leur fertilité au moyen des engrais, on peut en tirer des récoltes très-abondantes, et, lorsqu'on les remet en prairies, elles sont plus productives qu'avant d'avoir été défrichées. L'avoine, les pommes de terre, le colza, le lin, etc., sont les récoltes les plus productives sur ces sortes de défrichements, que l'on ne doit pas épuiser.

*Prairies artificielles.*

2. — Les prairies artificielles forment presque toujours la base des bons assolements alternes, qui ont pour objet de nourrir un grand nombre d'animaux; ce qui est rarement possible lorsqu'on n'a que des prairies naturelles.

Les prairies artificielles font la vraie richesse des cultivateurs; elles donnent souvent un produit très-élevé et fournissent le moyen d'obtenir des engrais suffisants pour les plantes qui en exigent beaucoup plus. — Elles ont aussi l'avantage de produire plus de nourriture que les prairies naturelles et dans des terres dont le prix de fermage est presque toujours moins élevé.

Toutes les prairies artificielles forment une bonne préparation pour les céréales.

C'est donc une erreur de croire que la culture des fourrages diminue le produit des grains. Ces dernières récoltes sont, au contraire, considérablement augmentées par la masse d'engrais que procurent les fourrages artificiels, par le bon état où se trouve le sol après ces cultures, parce que la terre est moins fatiguée du retour successif des céréales, et enfin les terres sont moins malpropres et plus faciles à préparer. Il ne faut qu'un peu de réflexion pour se convaincre de la vérité de ce que nous avançons ici.

Les plantes qui constituent le plus ordinairement les prairies artificielles sont les trèfles, les luzernes, le sainfoin, les vesces, la chicorée, le ray-grass, l'ajonc, etc. Nous pourrions encore ajouter à cette liste un grand nombre de plantes qui présentent toutes quelques avantages; mais nous devons nous borner à conseiller la culture de celles qui pourraient être les plus avantageuses dans notre position. Du reste, tous les fourrages, de quelque nature qu'ils soient, tendent à enrichir le sol, et il ne s'agit que de choisir ceux qui conviennent à la terre qu'on cultive.

### *Trèfle commun.*

3. — Le trèfle commun aime une terre substantielle et un peu argileuse; il réussit dans presque tous les terrains.

Les terres qui contiennent un peu de calcaire sont surtout très-propres à la culture du trèfle.

Nous connaissons des terrains sur lesquels on ne pouvait obtenir de trèfle, ou du moins il y était si chétif, qu'on en retirait très-peu de chose. Sur ces mêmes terres, nous avons employé la chaux vive et les débris de pierre à chaux non calcinée, et tout d'un coup le trèfle a produit des récoltes très-abondantes (1).

On le sème au printemps, dans une céréale ou dans du sarrasin, à raison de 30 à 35 kilogrammes de

(1) On peut voir pour l'emploi de la chaux, de la marne et des autres matières calcaires, ce que nous en avons dit en parlant des amendements.

graine (1) par hectare (2), que l'on recouvre d'un léger trait de herse à dents de bois, ou avec des épines disposées en forme de herse. Souvent une forte pluie suffit pour l'enterrer.

La graine de trèfle doit être peu recouverte; mais il est important qu'elle soit semée sur un terrain très-meuble. Sur les terres tout-à-fait propres à sa culture, il étouffe quelquefois la céréale de printemps dans laquelle il a été semé. Pour remédier à cet inconvénient, on ne doit le semer que lorsque la céréale est levée.

Si on le sème dans une céréale de printemps, on enterre d'abord la céréale à la herse, et ensuite on sème le trèfle, que l'on recouvre légèrement, comme nous l'avons indiqué.

Si l'on sème en lignes, on peut attendre pour la semaille du trèfle l'époque où l'on donne un binage à la céréale. Par ce moyen, les mauvaises herbes qui avaient levé avec le grain sont détruites et ne gênent plus le trèfle.

Lorsqu'on sème dans une céréale d'hiver, on donne d'abord un fort trait de herse à dents de fer pour ameublir la surface du sol, et ensuite on répand la graine de trèfle, que l'on recouvre avec une herse plus

---

(1) La bonne graine de trèfle doit être jaune, mêlée de violet, bien pleine et bien luisante; la vieille graine a une couleur plus terne que la nouvelle.

(2) Toutes les prairies artificielles doivent être semées très-épais, parce que le fourrage en est plus fin, et aussi parce que les mauvaises herbes sont plus complétement détruites.

légère. On sème en différentes saisons ; les premières semailles peuvent se faire de mars en mai (1), dans les céréales, et de mai en juin, dans le sarrasin. On pourrait même, lorsque les premières semailles de trèfle ont manqué, en faire de nouvelles en juillet et août. Nous avons fait des essais de ce genre qui ont été couronnés d'un plein succès.

Quelquefois, lorsqu'on a besoin de fourrage dans l'année même, on le sème dans une céréale de printemps que l'on fauche en vert. Par ce moyen, on obtient une bonne coupe de trèfle en automne, si l'été n'est pas trop sec.

Le trèfle ne revient pas bien plusieurs années de suite sur le même terrain ; il faut un intervalle de 6 à 8 ans (2), lorsqu'on veut obtenir de belles récoltes. La place la plus convenable pour le trèfle, dans un assolement bien combiné, est de le semer dans la céréale qui suit immédiatement les plantes sarclées, parce que le sol se trouvant meuble, riche et bien nettoyé, la récolte est beaucoup plus abondante que lorsqu'on le sème sur une terre épuisée et remplie de mauvaises herbes.

----

(1) Dans les terres argileuses, il est bon de ne semer les trèfles que fin d'avril. Si on sème dans du froment de printemps, fait en février ou en mars, il faut attendre la même époque et laisser lever le froment, qui sera alors assez enraciné pour ne pas être détruit par le hersage.

(2) Le trèfle pourrait revenir tous les 6 ans sur les terres argileuses et riches ; mais il faut un intervalle de 8 ans au moins avant de le resemer sur les terres légères.

Les terrains qui ont été cultivés pendant long-temps en céréales, donnent de très-belles récoltes de trèfle lorsqu'on les prépare convenablement pour cette culture.

Ce fourrage est un des plus avantageux, en raison de l'abondance de ses produits et de la bonne préparation qu'il forme pour le froment (*voyez l'article froment*). C'est un des meilleurs pour l'entretien des vaches à l'étable.

La graine se prend ordinairement sur la seconde coupe. Lorsque la plupart des têtes sont mûres, on fauche et on laisse sécher en retournant le trèfle avec soin; on le bat ensuite à la machine pour séparer les têtes d'avec les tiges. Cette première opération se fait facilement.

Lorsqu'on veut retirer la graine de son enveloppe, on y parvient aisément aussi au moyen des machines à battre les grains et avec les moulins dont se servent les tanneurs pour briser l'écorce de chêne.

Si on récolte la graine de trèfle pour son usage, on peut la semer avec l'enveloppe, et, de cette manière, la réussite est beaucoup plus assurée.

Dans les étés favorables à la végétation du trèfle, il est souvent assez fort pour être fauché en automne; mais il est rare que le sol soit assez ferme pour y mettre les animaux, qui en détruiraient une grande quantité avec les pieds, quand la terre est humide. Il est bon de ne pas attendre trop tard pour faucher le jeune trèfle, qui serait alors beaucoup plus sensible aux froids ou envahi par les mauvaises herbes. J'insiste sur ce point.

Les terreaux de chaux, les cendres et les terreaux ramassés pendant l'hiver dans les cours des fermes, sont d'excellents amendements pour les trèfles. On les répand au printemps. Le plâtre, comme nous l'avons indiqué en parlant de cet amendement, produit aussi un très-bon effet dans certains terrains.

Lorsque le trèfle commence à pousser, un coup de herse lui fait beaucoup de bien, en donnant un léger binage et en détruisant une partie des mauvaises herbes.

Dans les fermes où le trèfle forme la base de la nourriture des animaux, on commence à le couper aussitôt que la faux peut l'atteindre, de manière à ce que la seconde coupe soit poussée pour l'époque où la première est consommée.

Si on veut faire du foin de trèfle, il faut attendre, pour le faucher, qu'il soit en pleine fleur, et prendre les précautions que nous indiquons plus loin en parlant de la fenaison.

Sur les terres où la luzerne ne croît pas facilement, il serait difficile, sans le trèfle, de nourrir convenablement un grand nombre d'animaux au vert. Les chevaux se trouvent très-bien de ce fourrage, et l'on peut, sans inconvénient, retrancher la majeure partie de leur ration d'avoine, ou même la supprimer tout-à-fait, si l'on n'exige pas un trop fort travail (1).

---

(1) Voyez, à l'article chevaux, les précautions à prendre pour passer de la nourriture sèche à la nourriture verte.

## *Trèfle incarnat.*

4. — Le trèfle incarnat fournit un fourrage très-abondant pour le printemps ; il est ordinairement bon à couper quelque temps avant le trèfle commun. Il est vrai qu'il ne donne qu'une coupe, mais on peut encore, après cette récolte, semer du sarrasin, planter des pommes de terre, des betteraves, des haricots. Lorsqu'on plante des betteraves, on doit donner deux labours, et pour les pommes de terre, en fumant le terrain aussitôt après la récolte du trèfle, on plante sur un labour, et l'on obtient presque toujours de très-beaux produits.

Tous les terrains lui conviennent. Cependant il préfère un sol léger, sablonneux et un peu calcaire. La semaille se fait en août ou septembre, après une céréale.

Lorsqu'on sème trop tard, c'est-à-dire après la première quinzaine de septembre, la réussite est peu assurée dans notre climat, parce que les limaces détruisent les jeunes plants en très-peu de temps, quand il survient un temps humide à l'époque de la levée. Plus le sol est argileux, plus il faut semer de bonne heure.

Si la céréale qui précède le trèfle incarnat est très-propre, et que la surface du sol ne soit pas trop dure, un hersage suffit pour l'ameublir ; alors une herse en épines recouvre assez la graine. Dans les terres argileuses, un léger labour à la charrue est nécessaire avant de semer. On emploie 55 kilogrammes de graine par hectare. Celle qui n'a pas été retirée de son enveloppe lève beaucoup mieux que celle qui a été battue; il en faut alors environ 120 kilogrammes par hectare.

Pour faire du foin de trèfle incarnat, on doit le faucher aussitôt qu'il commence à fleurir; autrement, le fourrage est trop dur, et l'enveloppe de la graine, qui se détache facilement, forme une espèce de duvet qui pourrait devenir très-nuisible aux bêtes.

Pour récolter la graine, on doit faucher ce trèfle lorsque les têtes sont encore vertes; car si l'on attend qu'elles soient complétement mûres, on en perd une bonne partie.

Si on laisse mûrir la graine entièrement, on peut la faire ramasser à la main par des femmes, et alors elle est de meilleure qualité.

*Luzerne.*

5. — La luzerne est sans contredit le meilleur et le plus abondant fourrage qu'on puisse cultiver. Malheureusement toutes les terres ne lui conviennent pas; elle veut un sol riche, profond, et qui ne retienne pas l'humidité dans les couches inférieures. Elle est moins exigeante dans les terres qui contiennent du calcaire.

Un essai de quelques hectares, fait dans un terrain sablonneux des environs de Rennes, a parfaitement réussi, quoique ce terrain ne fût pas préparé par une culture de plantes sarclées, condition très-avantageuse et même presque indispensable pour le succès de la luzerne. Dans une autre terre plus argileuse, et dont le sous-sol est composé de schistes feuilletés, elle a également bien réussi.

Ces observations nous portent à croire que la luzerne pourrait très-bien venir dans beaucoup de parties du département, comme elle le fait dans l'arrondissement de Saint-Malo ; cependant il est probable que la grande quantité d'herbe qui se trouve dans nos champs ne lui permettrait pas de durer plus de cinq à six ans; mais encore, dans ce cas, ce fourrage serait très-avantageux (1).

Nos essais de culture en lignes espacées de 50 centimètres ayant complétement réussi, nous conseillons de suivre cette pratique, qui permet de biner et sarcler les luzernières et de les débarrasser ainsi des herbes traçantes, qui sont ses plus grands ennemis.

On sème la luzerne, comme le trèfle commun, dans une céréale. Elle n'est en plein rapport qu'à la troisième année; elle peut durer douze, quinze et même vingt

(1) C'est surtout sur les terrains calcaires ou sablonneux un peu profonds que ces essais doivent être tentés. Nous connaissons des terrains sablonneux ou calcaires qui, par la culture de la luzerne, rapportent aujourd'hui une rente très-élevée, et qui, avant l'introduction de cette plante dans ces localités, ne produisaient que de chétives récoltes de seigle. Nos voisins de la Sarthe, d'Indre-et-Loire, de Maine-et-Loire, etc., savent combien ce que nous disons ici est exact.

ans dans les terres qui lui conviennent : aussi ne doit-on la semer que sur un sol parfaitement nettoyé.

La semaille se fait de mars en mai, à raison de 50 à 40 kilogrammes au moins de graine par hectare. Un hersage vigoureux, au printemps, est d'un très-bon effet lorsqu'elle a atteint sa deuxième année.

Les racines de la luzerne pénètrent à une grande profondeur, à un mètre et au delà. Lorsqu'elles rencontrent une couche d'argile tenace, la plante dépérit et finit par se détruire complétement. Dans les terres où ses racines peuvent s'enfoncer profondément, la luzerne produit du fourrage vert très-abondant pendant tout l'été, même lorsque la surface du sol est trop desséchée pour permettre aux autres fourrages de végéter. On transplante quelquefois la luzerne. Cette méthode paraît assez avantageuse dans les sols qui n'ont pas toute la profondeur désirable.

Après avoir préparé la terre par une ou deux cultures sarclées, une forte fumure est nécessaire; et, comme la luzerne occupe le sol pendant long-temps, le cultivateur qui entend bien ses intérêts ne doit pas négliger de donner cette forte fumure.

Au printemps, les terreaux de chaux, les cendres, les fumiers bien consommés, etc., produisent un très-bon effet, parce que le hersage qu'on donne à cette époque facilite leur mélange avec la surface ameublie du sol.

Comme pour le trèfle, on doit commencer à faucher la luzerne de très-bonne heure, de manière à ce que les coupes se succèdent sans interruption.

Lorsqu'on veut en faire du foin, on attend qu'elle soit en pleine fleur.

Les effets du plâtre sont aussi très-remarquables sur les luzernes. Aucune prairie ne donne de produits aussi abondants qu'une bonne luzernière; et comme, une fois bien établie, elle n'a besoin que de soins d'entretien et de quelques fumures, on peut la regarder comme supérieure à tous les autres fourrages.

Quand on défriche les vieilles luzernières, le sol se trouve dans un grand état de fertilité; il peut produire des céréales, des racines, du chanvre, du colza, etc.

On récolte la graine sur celles qu'on se propose de détruire.

La minette dorée, ou lupuline, est une petite espèce de luzerne, moins vigoureuse et moins productive que celle dont nous venons de parler. Cependant, dans les terrains calcaires et secs, où le trèfle réussirait difficilement, elle fournit un très-bon fourrage. Sur les mauvaises terres, elle n'est propre qu'à être pâturée.

On la sème à raison de 25 kilogrammes de graine par hectare.

*Sainfoin.*

6. — Le sainfoin est un très-bon fourrage qui, donné en vert ou conservé en sec, est fort recherché des animaux.

Dans la plupart des terrains il ne donne qu'une coupe, mais elle est très-abondante.

Les sols calcaires, même ceux qui sont de médiocre

qualité, lui conviennent très-bien. Nos terres ne sont pas très-propres à la culture du sainfoin. Cependant il est probable que cette plante réussirait sur les terrains calcaires qui avoisinent nos fours à chaux, et les propriétaires de ces terres pourraient quelquefois retirer des plus mauvaises un produit plus abondant en foin de bonne qualité que dans les meilleures prairies.

On le sème, comme la luzerne et le trèfle, dans une céréale; mais la graine étant beaucoup plus grosse, doit être enterrée à la herse. On en met 6 hectolitres par hectare (1).

Ce que nous avons dit de la culture de la luzerne s'applique très-bien à celle du sainfoin; mais, comme on l'a fait observer, le sainfoin se contente d'un sol de médiocre et même de mauvaise qualité, pour peu qu'il soit calcaire.

La préparation du sol au moyen des plantes sarclées, les labours profonds, une forte fumure avant la semaille, les hersages au printemps et les terreaux de chaux produisent un très-bon effet sur le sainfoin.

Ne donnant qu'une coupe, il est plus avantageux de convertir en foin sec que de faire consommer en vert.

### *Vesces.*

7. — Les vesces aiment une terre un peu argileuse;

(1) Quelques cultivateurs assurent avoir obtenu deux coupes de sainfoin; mais il parait que la variété nommée *sainfoin à deux coupes* ne réussit bien que dans les sols riches et très-propres à la culture de cette plante.

aussi réussissent-elles très-bien dans nos environs, et, comme nos hivers sont plutôt brumeux que froids, elles gèlent rarement. Les vesces consommées en vert ou en sec forment un très-bon fourrage; on y mêle presque toujours un quart d'orge, d'avoine ou de seigle (1). Ces céréales soutiennent les tiges des vesces et les empêchent de se coucher sur la terre, où elles pourriraient infailliblement dans les années humides.

Elles réussissent très-bien après une récolte de céréales, et dans nos terres argileuses, les vesces sont surtout précieuses, parce que souvent elles se contentent, dans ce cas, d'un seul labour sans engrais. Cependant la récolte est plus assurée lorsqu'on peut donner un premier labour aussitôt que la céréale est enlevée, et un autre avant de semer. On recouvre à la herse.

La méthode dont je vous ai parlé pour les semailles d'avoine de printemps, sur un labour d'hiver, s'applique avec succès à la culture des vesces de printemps.

On sème en octobre et en novembre, et au printemps, en février et en avril. Les semailles d'automne produisent beaucoup et procurent pour l'été une nourriture abondante. Les vesces peuvent remplacer les trèfles lorsqu'ils ont manqué; mais, pour cela, il faut semer tous les quinze jours jusqu'en mai.

On emploie environ trois hectolitres de graine par hectare. En semant en lignes espacées de 25 centi-

----

(1) Le seigle convient pour être mêlé aux vesces d'hiver; l'avoine, pour celles qu'on sème en février et mars, et l'orge pour les semailles les plus tardives.

mètres, on économise un tiers et même moitié de la semence. Avec le semoir, toutes les graines sont enterrées à une profondeur convenable, tandis que la herse ne les recouvre que difficilement.

La graine récoltée sur les vesces d'hiver peut se semer en automne ou au printemps ; celle récoltée sur les vesces de printemps n'est pas aussi bonne pour les semailles d'automne.

Lorsqu'on veut récolter la graine, il est bon de choisir les vesces qui poussent le moins vigoureusement ; elles donnent davantage et mûrissent plus également.

### *Ray-Grass.*

8. — Le ray-grass est une herbe de la famille des graminées (1), dont on fait des prairies artificielles et qu'on sème aussi sur les terrains destinés à être abandonnés comme prairies naturelles.

On en cultive deux espèces, l'une dite d'*Angleterre*, et l'autre d'*Italie*. Cette dernière se distingue par une petite barbe à la graine : la couleur de ses feuilles est moins foncée, et ses tiges sont plus tendres et plus vigoureuses. Cette espèce, quoique très-rustique, est plus délicate sur la nature du terrain que celle d'Angleterre, et dure moins long-temps ; mais elle donne un fourrage beaucoup plus abondant. Celle d'Angleterre est plus propre à former des pâturages et des gazons.

1) Voyez l'article céréales, où l'on parle des graminées.

Les terres fraîches et substantielles paraissent leur convenir; cependant le ray-grass d'Angleterre réussit sur tous les terrains.

On sème en automne ou au printemps; l'automne est la saison la plus favorable. On doit semer épais, au moins 50 kilogrammes de graine par hectare; on recouvre très-légèrement.

Le ray-grass convient surtout dans les assolements avec pâturage. Dans ce cas, on le sème dans la céréale qui précède les années de pâturage, et on obtient par ce moyen une espèce de prairie très-productive sur le sol qui lui convient.

Lorsque le ray-grass est destiné à former un pâturage pour les moutons, celui d'Angleterre est le plus convenable; lorsqu'au contraire, on veut le faucher pour être séché ou consommé en vert, on doit préférer celui d'Italie. Pour faire du foin, il faut faucher de bonne heure, c'est-à-dire au commencement de la floraison; autrement il serait trop dur. S'il doit être suivi d'une céréale, il faut bien se garder de laisser mûrir la dernière coupe.

## Chicorée.

9.—La chicorée sauvage forme un bon fourrage pour les vaches et les cochons; cependant les vaches ne la mangent pas avec autant d'avidité que le trèfle, et lorsqu'elles ne reçoivent pas d'autre nourriture, le lait perd un peu de sa qualité.

Elle aime une terre fraîche, sans être trop humide, et un peu calcaire. On la sème en mars, dans une céréale, comme on le fait pour le trèfle. On emploie 20 kilogrammes de graine par hectare. On ne peut la convertir en foin sec ; mais elle donne plusieurs coupes de fourrage vert.

On cultive encore comme fourrages supplémentaires d'été et d'automne, le maïs, le millet, les petits pois, etc. ; on les sème en lignes ou à la volée après une récolte de fourrages de printemps, ou encore après le colza, dans les terres très-riches. Un mélange de maïs et de petits pois réussit très-bien.

*Ajonc.*

10. — L'ajonc est un fourrage très-précieux pour l'hiver ; les chevaux surtout se trouvent bien de cette nourriture pendant la mauvaise saison.

Les terres de médiocre qualité, et même les plus mauvaises, lui conviennent. Il pousse souvent avec force dans les sols ferrugineux, où tout fourrage refuserait de venir. On peut regarder l'ajonc comme la luzerne des terrains pauvres.

Dans les fermes où les terres trop nouvellement défrichées ne sont pas encore assez riches pour produire d'autres fourrages, l'ajonc est le seul moyen de nourrir le bétail et de se procurer des fumiers. C'est donc l'ajonc qui peut transformer nos immenses landes en terres productives et les amener à une culture ordinaire ; il est facile du reste de se convaincre de l'utilité de cette plante, lorsqu'on saura qu'elle peut végéter sur des terres qui ne donnaient rien, et faire produire ainsi une rente élevée à un sol jusque-là sans revenu.

Ce n'est pas seulement le produit immédiat qu'il faut considérer, mais surtout le puissant moyen qu'il fournit de fertiliser les terres.

On sème au printemps dans une céréale, à raison de 15 à 25 kilogrammes de graine par hectare. On recouvre d'un trait de herse.

C'est en hiver qu'on utilise ce fourrage. On coupe les jeunes tiges et on les hache au moyen de forts hache-paille. Dans cet état, les chevaux les mangent très-bien, et même mieux que trop broyés. Pour les bêtes à cornes, ils doivent être écrasés de manière à ce que les épines ne se fassent plus sentir.

Jusqu'à présent, les moyens mécaniques n'ont pas complétement réussi, parce qu'il faut une très-grande force. Espérons qu'on arrivera à des résultats satisfaisants au moyen d'instruments qu'on essaie maintenant à construire.

On coupe les ajoncs tous les ans ou tous les deux ans.

Si on coupe tous les deux ans, la partie inférieure est trop dure pour la nourriture des animaux et ne peut servir que de combustible, mais la *jannais* dure plus long-temps. Si on coupe tous les ans, le fourrage est plus tendre, mais la plante est moins durable.

Il ne faut pas perdre de vue que les jannais épaisses produisent du fourrage moins dur et moins épineux.

Nous n'avons point encore vu d'ajoncs complétement dépourvus d'épines. Cependant il en existe une variété très-peu épineuse et qui est d'une grande vigueur. Cet ajonc, coupé simplement au moyen d'un fort hache-paille, peut être consommé par les animaux sans autre préparation.

## Fenaison.

11. — La fenaison est une des opérations les plus importantes; un cultivateur actif doit y donner tous ses soins.

On coupe les prairies naturelles lorsque la plupart des plantes qui les composent sont en pleine fleur; plus tard, elles perdent beaucoup de leurs qualités nutritives.

On fauche le plus ras de terre possible (1), ce que l'on ne peut obtenir que dans les prairies bien épier-rées, et où les taupinières ont été étendues avec soin. On laisse le foin en *andains* pendant une journée en-viron, et ensuite on l'étend au soleil. Lorsque le temps est beau, on peut le retourner deux ou trois fois par jour, et, au bout de deux jours, il est assez sec pour être mis en gros tas. On reconnaît que le foin est sec lorsque les brins des plus grosses herbes ne présentent plus d'humidité dans leur intérieur.

(1) Dans ces derniers temps, on a fait de nombreux essais de machines à faucher, et on a réussi. Il est donc probable que ces machines remplaceront bientôt la faux.

On emploie maintenant avec grand succès des machines à faner (fig. 26).

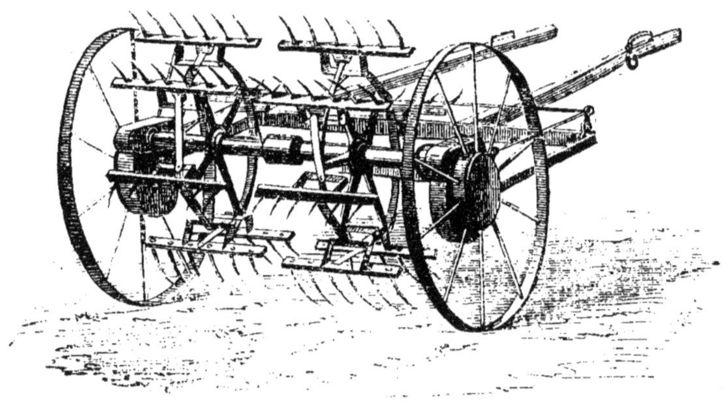

Fig. 26.

Elles font le travail beaucoup mieux et plus rapidement que la fourche. D'un autre côté, lorsqu'on a une grande étendue de prairie, il est souvent difficile de rassembler assez de faneurs pour faner convenablement.

Tant que les andains n'ont pas été défaits, une pluie de quelques jours ne nuit pas au foin; mais lorsqu'il a été étendu au soleil et qu'il y a un commencement de dessiccation, il faut éviter de le laisser exposé à la pluie ou à la rosée, ce qui lui enlèverait son parfum et sa couleur verte. Pour éviter cet inconvénient, on fait des tas d'abord très-petits lorsque le foin ne fait que commencer à sécher, et l'on augmente leur volume à mesure qu'il approche du degré convenable de dessiccation. Quand le foin est sec, il doit être disposé en grosses meules; alors il s'opère une fermentation très-utile à sa qualité. Cette fermentation étant terminée, on doit le botteler et le rentrer, ou bien le conserver en grosses meules, où il acquiert de la qualité. Ensuite on le fait botteler pour rationner les animaux.

Pour avoir des foins de bonne qualité, il faut éviter autant que possible de les laisser exposés à la rosée pendant la nuit. C'est pour cela que les râteaux mécaniques (fig. 27)

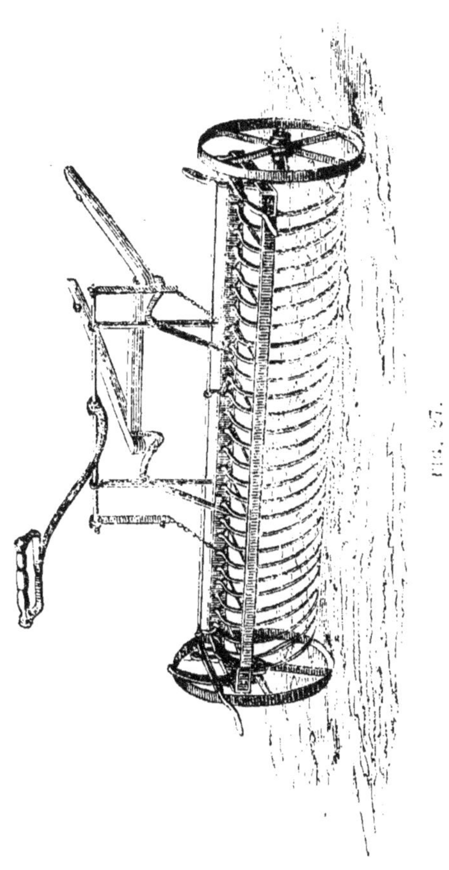

ont appelés à rendre de grands services. Comme la faneuse, le râteau économise le travail, et la manœuvre en est encore plus facile.

Les prairies artificielles doivent aussi être fauchées dès que les plantes qui les composent sont fleuries. Leur desséchement est plus difficile et plus lent que celui du foin des prairies naturelles.

Comme ces plantes perdent facilement leurs feuilles (*celles de la famille des légumineuses*) (1), elles doivent être peu remuées : il suffit donc de retourner les andains sans les faner. Ce foin doit, plus encore que celui des prairies naturelles, être entassé en meules, afin que la fermentation dont il a besoin puisse s'y opérer. Par ce moyen, on a moins à craindre la mauvaise odeur que contracte le fourrage, ou l'échauffement qui pourrait aller jusqu'à le brûler. Après cette fermentation, on fait bien de le rentrer dans les greniers ou de le mettre en grosses meules.

Nous avons encore employé un moyen de dessiccation qui nous a parfaitement réussi pour les fourrages artificiels et pour les regains, qui sont difficiles à sécher.

Aussitôt qu'ils sont coupés, ou le lendemain, nous les mettons en gros tas. Deux ou trois jours après, la fermentation s'y est fortement établie, et la chaleur est telle qu'il est difficile d'y tenir la main. A cette époque, le fourrage doit avoir une forte odeur de miel. Si le temps le permet, on défait le tas, on laisse le fourrage se refroidir et se dessécher un peu ; ensuite on recon-

_______________

(1) Voir l'*Herbier agricole.*

struit le tas, en ayant soin de mettre à l'intérieur le fourrage qui était à l'extérieur et qui avait moins fermenté.

La fermentation se développe de nouveau ; lorsqu'elle est assez forte, on défait la meule, et le fourrage sèche très-promptement.

Les trèfles, vesces et autres légumineuses traitées de cette manière font un foin brun de mauvaise apparence, mais que les animaux préfèrent au foin ordinaire.

# NEUVIÈME LEÇON.

## Pommier.

1. — La culture du pommier forme une branche si importante de l'exploitation rurale dans notre département, que nous ne pouvons nous dispenser d'en parler au moins sommairement.

Ces arbres qui couvrent nos champs, et qui en font de véritables vergers, nuisent beaucoup à la culture.

Leurs lignes tortueuses, rapprochées, et leurs branches tombant jusqu'à terre, gênent surtout les labours. Il serait bien préférable de consacrer à ces arbres la totalité d'un ou de plusieurs champs, qu'on labourerait et qu'on fumerait pour entretenir les pommiers en bon état.

2. — Pour se procurer de jeunes pommiers, on prend des pépins (1) que l'on retire du marc du cidre ou qui tombent au fond des cuves placées sous le pressoir, et on les met dans du sable, comme nous l'avons dit en

_______

(1) On peut en obtenir une grande quantité en émiettant du marc dans un cuvier rempli d'eau. On remue fortement l'eau, on la laisse reposer quelques minutes, ensuite on jette tout ce qui vient à la surface : en répétant plusieurs fois cette opération, on trouve au fond du cuvier une grande quantité de pépins bien sains.

parlant de l'aubépine ; ou bien, ce qui est plus simple ,
on prend du marc de cidre que l'on étend en une
couche très-mince sur une terre bien bêchée et dressée
au râteau ; ensuite on couvre avec de la terre meuble et
du terreau. On peut semer en novembre ou décembre ,
si le terrain est sec, et en février ou mars , si le sol est
humide. Les jeunes pommiers lèvent en grande quantité ; les seuls soins qu'ils exigent sont des sarclages (1).

Au commencement de l'hiver ou à la fin de l'automne,
on les transplante dans une pépinière, en lignes espacées de 80 centimètres à 1 mètre, et en laissant le
même espace d'un arbre à l'autre. On rabat, c'est-
à-dire on coupe ensuite le jeune plant à 4 ou 5 centimètres de terre (2) ; chaque année, on bêche entre les
lignes, et ensuite, au moyen de binages et sarclages
répétés, on tient le sol très-net de mauvaises herbes.

La plupart des cultivateurs pensent qu'on ne doit pas
retrancher le pivot des jeunes pommiers d'un an en les
transplantant en pépinières. Il est bien vrai que ce pivot
donne de la solidité à l'arbre lorsqu'il est en plein
champ, et que, par cette raison, les arbres qui l'ont
conservé sont moins exposés à être déracinés par les
vents ; mais, d'un autre côté, en rognant un peu le
pivot du jeune plant, on facilite le développement d'un

---

(1) Les pépins des pommes sauvages et des pommes aigres
ou amères donnent des plants plus vigoureux que ceux des
pommes douces.

(2) En terre riche, on rabat le jeune plant la première année
en terrain pauvre ; il est convenable d'attendre un an.

grand nombre de racines latérales, qui procurent la reprise des arbres, lorsqu'on transplante à demeure.

Avant de faire la pépinière, on doit défoncer le sol à la bêche ou à la charrue, et si le terrain n'est pas assez riche, on ne doit employer que des fumiers bien consommés ou des terreaux; mais il est toujours plus convenable de placer la pépinière sur un sol amendé depuis longtemps.

Les pépinières doivent, comme on l'a déjà dit, être béchées superficiellement tous les ans, et binées une ou deux fois pendant l'été, de manière à n'y laisser croître aucune herbe nuisible. Lorsqu'on peut se procurer des feuilles en assez grande quantité, on les étend au pied des jeunes pommiers; par ce procédé, on empêche les mauvaises herbes de pousser, la terre se maintient plus meuble et plus fraîche, et les feuilles, en se décomposant, fournissent des sucs nutritifs.

On ne doit pas émonder les pommiers tout d'un coup, parce que si on enlève toutes les branches, les jeunes arbres grossissent moins vite, poussent trop en tête, forment une tige presque aussi grosse du haut que du bas, et finissent par devenir tortueux et rabougris; ainsi, on se contentera d'enlever graduellement les branches B (fig. 28)

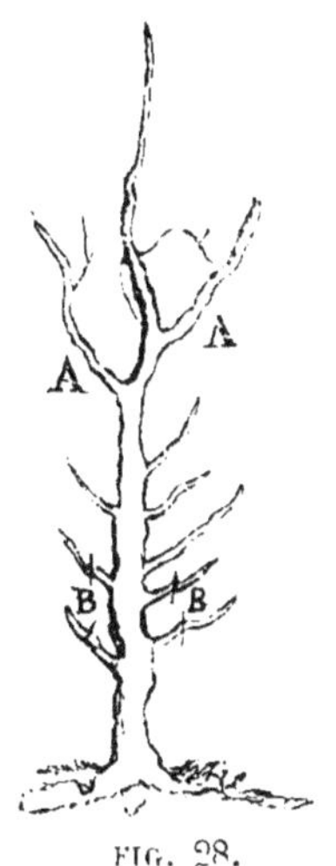



FIG. 28.

qui poussent latéralement, et l'on retranchera, dans toutes les parties où elles se rencontreront, les grosses branches A, qui menacent d'entraîner toute la sève de l'arbre ou de lui donner une mauvaise forme. Ces soins d'entretien, quoique complètement négligés dans les pépinières des campagnes, sont cependant d'une grande importance.

En conservant des branches, pendant les premières années, dans la partie inférieure de l'arbre, on y maintient la sève, et la tige grossit assez pour se soutenir.

Quand on a enlevé au ras de l'arbre les grosses branches qui, comme nous l'avons dit, absorberaient toute la sève, il est bon, au printemps suivant, de supprimer les bourgeons qui tendraient à les remplacer.

Lorsque l'arbre est arrivé à une hauteur de 2 mètres environ, on coupe l'extrémité de la tige de manière à lui faire former une tête. C'est à cette époque que l'on enlève toutes les branches qui avaient d'abord été conservées sur le tronc pour y arrêter la sève. En général, on doit toujours laisser à peu près le tiers de la hauteur de l'arbre garni de branches.

3. — Lorsque les pommiers ont atteint 12 à 15 centimètres de tour, on les plante à demeure dans les champs ou dans les vergers. On a bien soin de conserver toutes les racines quand on les enlève de la pépinière, et de les étendre avec soin en les replantant.

Si on peut se procurer des chiffons de laine, des cornes ou d'autres débris d'animaux, en en mettant quelques kilogrammes au pied de chaque arbre, on augmente d'une manière extraordinaire leur vigueur.

Quelques années après, lorsqu'ils sont bien repris et que leur végétation est vigoureuse, on les greffe en fente à la hauteur de 2 mètres environ, et on dispose sur trois ou quatre mères-branches la tête qui provient de la greffe. (Fig. 29.)

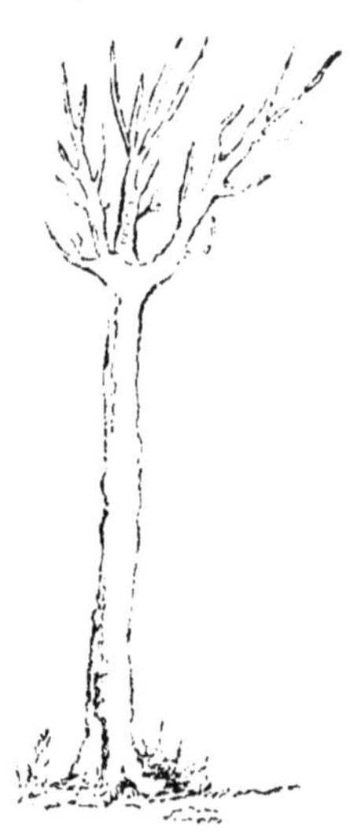

Plus tard, on se borne à enlever le bois mort et à couper les branches qui garnissent trop l'intérieur de l'arbre.

Dans les terrains humides et froids, le poirier réussit mieux que le pommier.

Lorsqu'on fait un verger, on peut, comme le terrain entier est consacré aux pommiers ou aux poiriers, ouvrir les fosses une année d'avance, afin que la terre reste long-temps exposée à l'air. En replantant les arbres, on a soin de mettre la terre végétale sur les racines; ce qui sera très-facile, si l'on a pris la précaution de la mettre à part en creusant la fosse. Dans les vergers, on peut espacer les arbres de 10 mètres, et dans les champs, de 25 à 30 mètres.

Les plantations ne doivent pas se faire par un temps trop humide, et presque toujours les arbres plantés de bonne heure reprennent mieux.

On peut dire, en général, que les plantations se font avec très-peu de soin : les racines sont brisées, écorchées et souvent ramassées en paquet en les plantant. Il faut que les sujets soient vigoureux et le terrain bien convenable pour qu'une telle plantation réussisse.

On doit, en plantant, étendre les racines le plus possible, les recouvrir d'une légère couche de terre meuble, soulever l'arbre en l'agitant doucement de manière à ce que la terre se mêle bien aux racines, ensuite on foule légèrement la terre pour l'affermir.

Au bout de deux ou trois ans, c'est-à-dire, comme nous l'avons fait observer, lorsque les arbres sont bien repris et poussent vigoureusement, on les greffe en fente. Il est indispensable d'attendre que la reprise soit complète; sans cette précaution, ils restent souvent rabougris.

Pour greffer en fente, on coupe avec une scie la tête du jeune arbre à environ 2 mètres de longueur. Cette section doit être faite dans une partie où l'écorce est saine et dégarnie de nœuds. On doit rafraîchir avec la serpette la partie de l'écorce déchirée par la scie, parce qu'elle se guérirait moins facilement si elle n'était pas coupée au moyen d'un instrument très-tranchant; ensuite on fend le sujet par le milieu, et l'on maintient la fente ouverte au moyen d'un coin en bois dur et sec; on introduit dans cette fente des greffes taillées en coin, de manière à ce que l'écorce du sujet et celle de la greffe coïncident dans la partie qui avoisine le bois. On prend, pour faire les greffes, de jeunes branches de l'année précédente, et lorsque le sujet que l'on veut greffer est vieux, il est bon de laisser au bas de la greffe un peu de bois de deux ans, afin que la partie taillée en coin présente une écorce plus épaisse, et, par cette raison, plus en rapport avec celle du sujet. Les greffes doivent être choisies sur des arbres vigoureux, et surtout très-sains. Il est avantageux de les récolter quelque temps avant de les employer, parce qu'alors l'écorce s'enlève moins facilement et elles se taillent mieux. On les met dans la terre pour empêcher qu'elles ne se dessèchent. Pour transporter les greffes à de grandes distances, on les enfonce par leur extré-

mité inférieure dans une pomme ou dans une pomme
de terre, et, dans cet état, elles se conservent très-
longtemps.

Lorsque le sujet est assez gros, on met deux greffes;
s'il est trop petit, on se contente d'en mettre une seule.

Les greffes doivent être coupées à leur extrémité supérieure, au-dessus du troisième ou quatrième œil.

Lorsque l'opération est terminée, on enlève le coin
et on lie la tête du sujet avec de l'osier, de la corde,
du jonc ou des bandes de toiles goudronnées, afin de
maintenir les écorces en contact, et aussi pour empêcher que la fente ne s'ouvre. On enduit ensuite la tête
du sujet greffé avec de l'onguent de Saint-Fiacre (mélange de terre argileuse et de bouse de vache), ou mieux
encore, on le couvre avec de la cire à greffe dont voici
la composition :

> Cire jaune. . . . . 100 grammes.
> Résine. . . . . . . . . . . 100 grammes.
> Térébenthine. . . . 200 grammes.

On fait fondre le tout à petit feu dans une écuelle de
terre, et on le coule en pain dans un moule en papier.

Lorsqu'on veut employer ce mélange, on l'étend en
lames minces avec les doigts, qu'on a le soin préala-
blement de mouiller avec de l'eau ou avec de la salive.

On emploie un grand nombre de compositions grasses
pour recouvrir les greffes. Celle que nous indiquons ici
nous a paru la plus commode, parce qu'on peut l'employer à froid; les autres, devant s'employer à chaud,
nécessitent un attirail ennuyeux à transporter, et en

outre, si le mélange est employé trop chaud, il peut compromettre la réussite de la greffe.

Lorsque la greffe est prise, on retranche avec soin toutes les branches ou bourgeons qui se développent sur le sujet, et si l'on voit qu'il se forme un bourlet au-dessus ou au-dessous de la ligature, on l'enlève.

Quand on élève des pommiers ou des poiriers pour son propre usage, il est plus avantageux de les greffer en pépinières et de les transplanter ensuite dans les champs lorsqu'ils ont atteint une grosseur convenable.

Les arbres plantés en plein champ sont souvent écorchés par les colliers des chevaux ou par la maladresse des laboureurs. Ces plaies, lorsqu'elles sont un peu grandes, se cicatrisent difficilement et nuisent beaucoup à la santé des arbres.

Les pommiers et poiriers plantés en verger doivent être bêchés chaque année autour du pied dans un diamètre de deux mètres environ, et lorsqu'on peut leur donner des terreaux, on en augmente beaucoup la vigueur (1).

Tant que les arbres ne couvrent pas trop le sol, l'intervalle des lignes peut être cultivé, et même les pom-

---

(1) Voici comment nous faisons les vergers : La terre est d'abord défoncée et fumée comme pour les plantes sarclées, puis les arbres sont plantés à 10 mètres en tous sens.

Ces vergers, bien soignés, donnent beaucoup et permettent de supprimer les arbres au milieu des champs, où ils entravent toutes les opérations de culture et nuisent énormément aux récoltes.

miers s'en trouvent très-bien si l'on a le soin de ne pas en approcher trop près.  -

## Cidre.

4. — Nos cidres sont de bonne qualité, mais il est probable qu'en les soignant davantage on les ferait encore meilleurs.

Avant de récolter les pommes, on doit faire ramasser toutes celles qui sont tombées sous les arbres, pour faire du cidre de qualité inférieure et que l'on consomme de bonne heure.

Lorsqu'on s'est assuré que les fruits sont bien mûrs, ce que l'on reconnaît à leur bonne odeur, et surtout à la couleur noire des pépins, on les fait tomber en montant dans les arbres et en les secouant; on abat ensuite, au moyen d'une gaule, les pommes qui ne tombent pas d'abord; mais il faut être avare de ce moyen, car les coups de gaule mutilent les arbres et meurtrissent les fruits.

Les pommes meurtries pourrissent bien plus promptement que celles qui ont été ramassées avec soin. On conçoit facilement qu'une plus grande quantité de jus se trouvant rassemblée sur une seule partie du fruit, tend à fermenter, et, par suite, à devenir acide et à se putréfier.

Un beau temps est toujours avantageux pour la récolte des fruits à cidre; car, lorsqu'il fait de la pluie, la terre, les feuilles et les herbes s'y attachent, et leur conservation est moins facile.

On dépose les pommes sur un terrain bien droit et recouvert d'une légère couche de paille ; il vaudrait mieux les déposer sur des planches, parce qu'alors elles seraient beaucoup plus propres.

Dans les pays où l'on soigne la fabrication du cidre, les pommes bien séchées sont déposées sous des hangars ou sur les planchers de greniers aérés.

Il est aussi très-avantageux de séparer les pommes qui ne mûrissent pas dans la même saison ; en les pilant ensemble, elles font toujours du cidre de mauvaise qualité.

On emploie différents instruments pour écraser les fruits à cidre. Le plus simple de tous est le pilon et l'auge en bois ; mais c'est le moins expéditif.

Le tour circulaire est un des meilleurs moyens d'écraser les pommes ; mais la construction de ces machines est souvent trop dispendieuse pour les petits propriétaires.

Les moulins à cylindres (fig. 30)

occupent peu de place, sont peu dispendieux et expédient promptement la besogne.

La forme de nos pressoirs laisse encore à désirer sous plusieurs rapports : ils sont très-coûteux ; les énormes pièces de bois qui les composent deviennent de plus en plus rares ; ils sont difficiles à manœuvrer ; ils exigent beaucoup de force, et enfin leur action n'est pas aussi énergique que celle des pressoirs perfectionnés. (Fig. 51.)

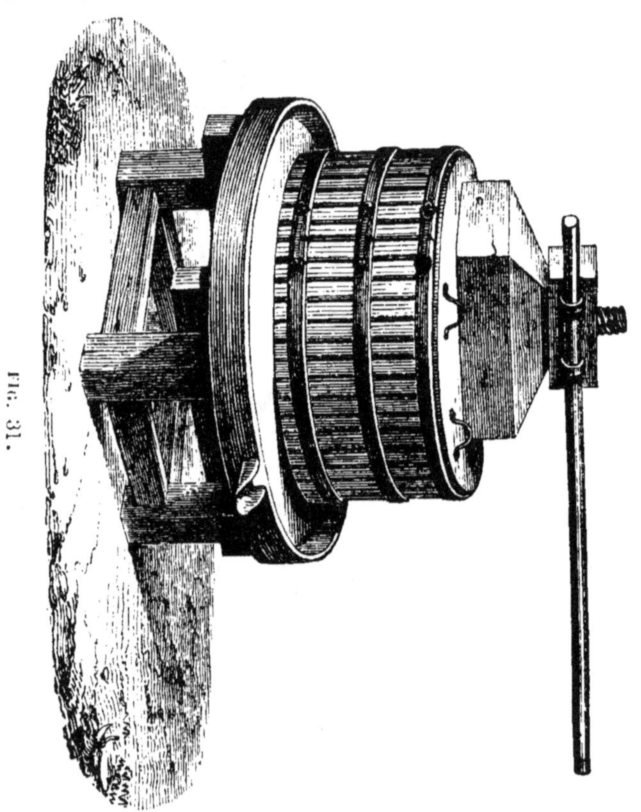

Fig. 31.

Les pommes pourries doivent être mises de côté pour faire, avec les pommes tombées, des cidres de médiocre qualité.

Les pommes acides ne font pas d'aussi bon cidre que les pommes douces ; il est fait plus vite, mais il ne se garde pas longtemps.

Lorsqu'on a extrait le jus des fruits au moyen d'une

presse quelconque, on l'entonne dans les fûts, qui doivent avoir été bien nettoyés auparavant. La lessive et l'eau de chaux conviennent bien pour enlever le goût acide ou la mauvaise odeur qu'auraient pu contracter les futailles. En sortant du pressoir, le cidre doit passer à travers un panier ou à travers un tamis, afin que les morceaux de pommes qui se détachent du marc y soient retenus.

Le cidre qui sort le premier lorsqu'on n'a pas mis d'eau en broyant les pommes est le meilleur et se conserve le plus longtemps. Ce cidre doit être mis dans des cuves, où il laisse déposer une partie de la lie. Au bout de quelques jours, on l'entonne dans les fûts, où il achève sa fermentation. Le cidre ainsi fabriqué est très-délicat. On ajoute ensuite une certaine quantité d'eau au marc, et l'on obtient encore un cidre d'assez bonne qualité.

Peu de personnes prennent les précautions que nous venons d'indiquer pour la fabrication des cidres, et l'on en fait rarement sans eau.

On peut encore, par le procédé ordinaire, en mettant en pratique les soins de propreté et de surveillance que nous avons conseillés, obtenir du cidre de très-bonne qualité. On compte en moyenne que, pour faire une barrique de cidre (250 litres), il faut employer environ 500 à 550 kilogrammes de pommes. Quand elles sont broyées, elles doivent être mises dans de petites cuves avec la quantité d'eau nécessaire pour compléter la barrique et n'être soumises à l'action du pressoir que vingt-quatre heures après. On obtient ainsi toutes les parties sucrées et aromatiques du fruit.

Après avoir retiré le premier cidre, on ajoute encore de l'eau, et l'on fait ce que l'on nomme le petit cidre. Pour avoir ce dernier un peu meilleur, on repile quelquefois le marc.

Les futailles doivent être tenues pleines, de manière à ce que les matières étrangères soient rejetées par la bonde, et aussi afin que la surface du liquide qui se trouve en contact avec l'air soit moins étendue. Il est indispensable de prendre ce soin pour les cidres qui sont en fermentation, comme pour ceux dont la fermentation est achevée.

Lorsque la première fermentation a cessé et que la grosse lie est tombée, on soutire le cidre, on remplit bien les futailles, et l'on bonde. Quand on veut conserver au cidre un goût agréable, on peut le soutirer encore une ou deux fois.

Le petit cidre et ceux dans lesquels on a mis beaucoup d'eau se clarifient plus facilement que les gros cidres, et n'ont besoin d'être soutirés qu'une fois.

Le terroir influe sur la qualité du cidre comme il influe sur celle des vins.

Nous répéterons encore ici que les pommes de différentes espèces, et qui mûrissent plus ou moins vite, devraient toujours être mises séparément, afin de ne les broyer qu'à l'époque de leur complète maturité.

A l'époque de la fermentation, on augmente beaucoup la qualité du cidre, si l'on y ajoute par barrique

4 à 5 kilogrammes de cassonade ou de tout autre matière sucrée. On peut même, dans les années où les
pommes ne sont pas abondantes, mettre moitié eau et
moitié cidre sortant du pressoir, et ajouter dans la futaille 7 kilogrammes de cassonade par barrique.

La récolte des pommes est souvent très-productive ;
mais, dans les années d'abondance, c'est un véritable
fléau pour les fermiers de notre pays, qui ne peuvent
plus se rendre maîtres des ouvriers et des domestiques.
Cet inconvénient résulte de la trop grande quantité de
pommiers plantés sur presque toutes les fermes, et
dont le nombre augmente d'une manière vraiment
effrayante pour l'agriculture. Le cidre n'étant pas une
production qu'on exporte, les propriétaires devraient se
borner à planter modérément, et ne pas couvrir les
champs, qui finiront par ne plus rien produire.

La consommation du cidre doit être soigneusement
réglée, même dans les années les plus abondantes. C'est
le moyen d'en avoir toujours, et d'éviter les désordres
et même les abus qui résultent de la profusion.

# TROISIÈME PARTIE.

## ÉCONOMIE DU BÉTAIL.

### DIXIÈME LEÇON.

L'économie du bétail comprend tout ce qui a rapport à la multiplication, à l'éducation et à l'entretien des bestiaux. Son importance ne peut être contestée.

*Bétail à cornes.*

1. — Il existe de grandes différences dans les races de bêtes à cornes ; les vaches de notre département présentent des caractères qui sont assez constants.

La race des landes, qui est la plus nombreuse et qui est probablement la race primitive, fournit généralement de très-bonnes vaches laitières. Les individus de cette espèce ont la tête fine, les cornes pointues et recourbées, le cou et les membres grêles, le ventre grand et le pis très-développé. Ces petites vaches sont très-faciles à nourrir, et la plupart du temps elles ne reçoivent que de la paille en hiver, et dans la belle saison, les herbes dures et grossières des landes.

Cette race, bien nourrie, donne des animaux mieux conformés et d'un bon produit ; elle convient parfaitement au système de pâturage ; mais il sera très-avantageux de la perfectionner à mesure que notre culture s'améliore et fournit des aliments plus substantiels à la nourriture de tous les animaux.

Pour améliorer cette race, on pourrait commencer par choisir les plus beaux taureaux de l'espèce, les bien nourrir et ne leur laisser couvrir les vaches qu'à l'âge de dix-huit mois ou deux ans. Lorsque, par ce moyen, on aurait obtenu des animaux plus robustes, on pourrait choisir, parmi les espèces qui présentent des qualités qui manquent à nos animaux, des mâles bien conformés.

Dans nos campagnes, les jeunes taureaux font la saillie dès l'âge d'un an : ils sont très-souvent plus petits que les vaches qu'on leur amène. Ces animaux, mal nourris, pris au hasard, et souvent épuisés par la grande quantité de saillies, donnent des produits très-chétifs.

Les croisements faits jusqu'à présent ont été si peu suivis et si mal entendus, que beaucoup d'animaux qui en proviennent ont moins de qualité que l'espèce même du pays.

Il faut espérer que des fermiers intelligents s'occuperont de cette branche si importante de l'agriculture, et qu'au lieu de s'attacher à la couleur ou à la taille élevée de l'animal, on choisira le mieux conformé et celui qui aura le plus de qualités.

Des croisements de la race bretonne avec des taureaux des races Durham et Ayrshyre ont parfaitement réussi.

*Manière d'élever.*

2. — Il est nécessaire d'apporter un grand soin au choix du taureau : la tête doit être courte et épaisse, le front large, les yeux vifs, les oreilles longues et bien placées, les cornes bien faites, les naseaux grands, le cou fort, la poitrine large, le dos droit, la croupe et les cuisses bien développées, le corps long, les jambes courtes et bien proportionnées, les os fins. Une démarche hardie est un signe de vigueur. Lorsqu'on le peut, il est bon de choisir de préférence celui qui est issu d'une vache bonne laitière. Les taureaux de trop forte taille ne sont pas toujours les plus convenables.

On a remarqué que les vaches qui présentent les caractères suivants produisent beaucoup de lait : la tête, le cou et les jambes minces, le pis pendant, mince et non charnu, la croupe large et tout le corps un peu allongé. De grosses veines sous le ventre sont encore un signe favorable de la production du lait. Le poil doit être doux et la peau souple et non adhérente aux côtes (1).

_________

(1) Les observations de M. Guénon ont à peu près prouvé que les vaches bonnes laitières ont, des deux côtés et au dessus du pis, des poils montants et fins formant un écusson plus ou moins développé, suivant la qualité laitière de la bête.

Pour obtenir des animaux bien conformés, on choisit les vaches bien faites et qui ont achevé leur crue ; elles doivent être fortes et grandes.

Il faut attendre que les jeunes animaux aient atteint l'âge de quinze à dix-huit mois avant de les laisser accoupler. Sans cette précaution, on s'expose à affaiblir l'espèce. Lorsqu'on veut la grandir, il est bon d'attendre jusqu'à 18 mois au moins.

Les vaches entrent en chaleur dans toutes les saisons, ordinairement une vingtaine de jours après le part. Il est quelquefois convenable de laisser passer les premiers signes de chaleur, et de ne les faire saillir que lorsqu'elles entrent une seconde fois en chaleur : en prenant cette précaution, on fatigue moins les animaux.

Les signes de la chaleur sont l'inquiétude, l'air égaré, les mugissements, le désir de monter sur les autres vaches, et presque toujours une grande diminution dans la production du lait.

Quelquefois les vaches faibles ne donnent point de signes de chaleur. Il faut dans ce cas améliorer la nourriture de manière à leur donner de la force. D'autres fois aussi, celles qui sont trop grasses et d'un tempérament mou ont besoin d'exercice pour être disposées à prendre le taureau.

Dans les campagnes, on donne souvent aux vaches des médicaments plus ou moins malfaisants, et qui ne peuvent avoir d'autre résultat que de détériorer leur santé. En général, nous ne saurions trop prémunir les cultivateurs contre toutes ces poudres merveilleuses, inventées assez souvent par les charlatans pour exploiter plus sûrement les crédules agriculteurs.

La vache porte ordinairement neuf mois ou neuf mois et demi. Pendant ce temps, on lui donne une bonne nourriture et on évite avec soin qu'elle soit heurtée ou poursuivie par les chiens.

Quelques personnes pensent qu'en donnant très-peu de nourriture aux vaches avant l'époque de la mise bas, on facilite le *vélage* ; c'est un préjugé qui peut faire beaucoup de mal aux animaux. On doit au contraire donner à la vache une nourriture très-substantielle, afin qu'elle puisse fournir une grande quantité de lait au jeune veau.

A l'époque du *part*, ou *vélage*, il est très-prudent d'abandonner l'opération aux soins de la nature, et on ne saurait trop blâmer la pratique vicieuse de tirer sur le veau ; car il en résulte toujours des accidents. Cette méthode est en usage dans toutes les fermes du département, et il sera difficile d'en faire comprendre l'inutilité et les dangers.

Lorsque les pieds du veau se présentent les premiers et que la tête repose dessus, le reste du corps sort très-facilement.

Si le veau est mal placé, on peut, en aidant avec ménagement, accélérer le part ; mais il faut toujours bien se faire une idée de la position que doit avoir le veau, et plutôt abandonner l'opération à la nature que d'agir avec force.

En disant aider, nous n'entendons point tirer sur le veau, mais bien le ramener dans une position plus convenable.

Presque toujours le cordon ombilical se rompt seul; dans le cas contraire, on le noue à 2 ou 5 centimètres du ventre du veau, et on le coupe à une distance à peu près égale au-dessus du nœud.

Depuis quelques années, les vaches avortent dans un grand nombre de fermes. Ces avortements, auxquels on ne peut assigner aucune cause bien connue, paraissent épizootiques, et tiennent probablement à un état particulier de l'atmosphère.

L'arrière-faix (délivre), ou enveloppe dans laquelle se trouve le veau, sort presque toujours de lui-même. On favorise sa sortie en donnant à la vache une nourriture à la fois tonique et succulente.

On élève les veaux de deux manières, en les faisant téter ou en les faisant boire. Dans l'un et l'autre cas, on sépare le jeune veau de sa mère, parce qu'il la tourmenterait et que les vaches voisines pourraient l'écraser. Ensuite, on le fait téter à des heures réglées, trois fois par jour par exemple. Le premier lait a une propriété purgative qui, loin d'être nuisible, est bienfaisante, en ce qu'elle débarrasse les intestins du veau.

On laisse ordinairement téter les veaux qu'on destine à la boucherie; mais quand on veut les élever, il faut les séparer sur-le-champ de leur mère, dont on leur fait boire tout le lait pendant les premières semaines; ensuite on y ajoute de l'eau tiède avec de la farine d'orge ou des pommes de terre écrasées, des tourteaux de lin ; on augmente graduellement ces substances, et l'on diminue la quantité de lait.

Cette méthode, qu'on suit peu dans notre pays, est très-recommandable sous tous les rapports.

Cependant on peut laisser téter le premier veau des génisses, afin de développer leurs vaisseaux laitiers.

Au bout de deux mois, on commence à donner du foin ou des herbes tendres aux veaux, qui s'habituent peu à peu à cette nourriture, et on diminue graduellement le lait en le remplaçant par d'autres breuvages.

Lorsque les veaux ont la diarrhée, on leur fait prendre de l'eau de riz, des œufs, et l'on peut même essayer quelques cuillerées de vin rouge.

5.—On reconnaît l'âge des bêtes à cornes à la chûte des dents de lait, à l'usure des dents remplaçantes et aux anneaux des cornes. Ces animaux ont huit dents incisives à la mâchoire inférieure ; la supérieure en est dépourvue. Les dents du milieu, dites pinces, tombent et sont remplacées vers deux ans ; celles des deux côtés, dites premières mitoyennes, tombent de deux à trois ans ; celles qui viennent ensuite, et qu'on nomme secondes mitoyennes, de trois à quatre ans, et enfin les coins vers quatre à cinq ans. Après cet âge, les dents qui étaient tranchantes, et qui se joignaient bien, s'usent et se déjoignent.

Chaque anneau formé à la base des cornes correspond à une année, et la pointe en indique trois. Quoique ce signe soit quelquefois trompeur, il est assez commode pour juger approximativement de l'âge au premier abord.

## *Nourriture.*

4. — La plupart du temps, ce sont les fourrages secs qui forment la base de la nourriture d'hiver, et très-souvent la paille compte pour beaucoup dans cette nourriture. Cependant, lorsque la paille est donnée pure aux vaches laitières, elles rendent peu de lait et dépérissent.

La paille de froment est la plus nourrissante ; après elle vient celle d'avoine, ensuite la paille d'orge, et enfin celle de seigle, qui est la moins bonne. Les pailles de vesces et de pois, ainsi que les siliques de colza, conservées avec soin, nourrissent bien les bêtes à cornes.

Une vache s'entretient bien avec 5 kilogrammes de foin par jour et de la paille à discrétion. Ces fourrages doivent être distribués aux bêtes en quatre ou cinq repas ; car, lorsqu'on en donne trop à la fois, elles l'abattent sous leurs pieds et en perdent beaucoup.

Voici une manière assez convenable pour la distribution de la nourriture, c'est celle que nous suivons : Le matin, les vaches reçoivent une ration de foin ; vers huit heures, des betteraves ; à onze heures, de la paille ; à deux heures, des betteraves ; à quatre heures, du foin, et à six heures, de la paille.

Au lieu de six repas, on pourrait en donner seulement quatre ou cinq ; mais la chose la plus importante à observer, c'est de distribuer les fourrages à des heures bien fixes, et autant que possible, de laisser les animaux en repos après chaque repas.

Lorsqu'on adopte un assolement avec pâturage, les bêtes à cornes consomment sur place une partie des fourrages verts.

Les récoltes-racines, telles que les pommes de terre, les betteraves dites disettes, les carottes, les panais, etc., forment, pour les vaches laitières, une très-bonne nourriture. En ajoutant 20 à 30 kilog. de ces racines à la quantité de foin indiquée plus haut, le produit en lait est beaucoup plus considérable. On donne aussi aux vaches laitières, avec beaucoup d'avantages, une boisson ou espèce de soupe, dite *branée*, composée avec de l'eau tiède, de la farine d'orge ou du son, des feuilles de choux, des betteraves hachées ou des pommes de terre.

Quelle base prendrons-nous pour rationner un animal? Ce sera évidemment son poids. Une vache de 200 kil. ne peut manger autant qu'une vache de 600 kil. Ceci ne peut être contesté.

Commençons donc par connaître le poids de nos animaux. Nous y parviendrons facilement avec le ruban gradué (voir p. 160), et, du reste, nous n'avons besoin que d'un poids approximatif. Ce ruban donne le poids chair net; il faut ajouter environ 40 0/0 pour avoir le poids vivant.

Actuellement je donne à une vache environ de 5 à 4 kilog. par cent du poids de l'animal vivant, et je m'en trouve bien.

Voici comment je calcule la valeur de la nourriture , le foin de bonne qualité étant pris pour type :

Les racines comptent pour un peu plus d'un tiers et la paille pour un peu plus d'un quart.

Cela ne veut pas dire qu'on nourrirait convenablement une vache avec quatre fois autant de paille que de foin; il faut, pour qu'ils soient profitables, mêler les aliments.

Lorsqu'on fait consommer plusieurs espèces de racines, il est toujours avantageux de les mélanger pour les donner aux animaux. Les pommes de terre crues, données en trop grande quantité, occasionnent souvent des indigestions. Les betteraves sont plus faciles à digérer.

Les racines sont employées crues ou cuites. Lorsqu'on les destine aux vaches laitières, on les donne crues, parce que, dans cet état, elles favorisent la production du lait. Quand elles sont cuites, elles valent mieux pour les bêtes à l'engrais.

Au moyen d'un petit appareil très-simple, on peut faire cuire les racines à peu de frais.

On dispose sur une chaudière ou chaudron placé sur un fourneau (fig. 52)

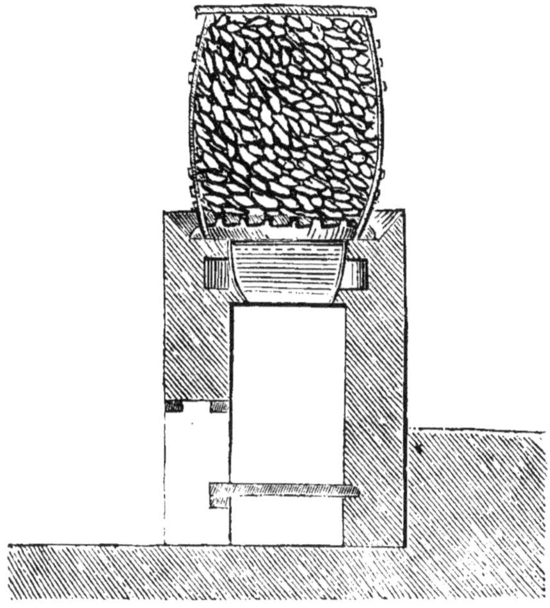

FIG. 32.

une barrique dont le fond est à claire-voie ; on remplit la barrique de racines ; on la couvre avec un vieux linge mouillé et par-dessus un couvercle en bois, et ensuite on fait bouillir l'eau contenue dans le chaudron. En employant ce moyen, les racines cuisent mieux, plus promptement et avec plus d'économie que si elles étaient dans l'eau.

Lorsqu'on donne des racines crues, il est indispensable de les hacher, soit à la main, soit avec un coupe-racines (1) (fig. 55) ;

(1) Dans une exploitation un peu étendue, il est impossible de hacher les racines à la main, lorsqu'elles forment la base de la nourriture des animaux.

FIG. 33.

sans cette précaution, on s'expose à de graves accidents. Quand on peut établir des mangeoires basses, surmontées de petits râteliers, les bêtes profitent mieux de la nourriture qu'on leur donne. Dans nos campagnes, elles n'ont ni crèches ni râteliers, et on dépose leurs aliments devant elles sur le fumier. Il résulte de là une perte considérable de la nourriture, car les animaux la foulent aux pieds et ne mangent point celle qui a touché leurs excréments. Depuis quelques années, nous avons adopté avec grand succès un système de nourriture économique et très-profitable au bétail.

Au lieu de couper les racines en tranches, elles sont réduites en petits fragments au moyen du dépulpeur (fig. 54).

FIG. 34.

Cet instrument se compose d'un cône ou d'un plateau en fonte sur lequel sont implantées de fortes dents en acier qui font l'effet d'une râpe.

Avec cette machine, les racines sont promptement réduites en une espèce de pulpe qui est ensuite facile à mélanger avec des siliques de colza, de la paille et du foin hachés.

Pour hacher les fourrages, nous employons un fort hache-paille, qui peut fonctionner à bras, à manége ou à la vapeur (fig. 55).

FIG. 85.

Des foins que les animaux refuseraient, ou dont ils perdraient une grande quantité, sont entièrement consommés lorsqu'ils ont été hachés et mêlés aux racines, et les rations se font plus facilement.

Nous avons même adopté le hachage pour les fourrages verts, et l'économie a aussi été très-marquée.

Si l'on a des fourrages de différentes espèces, on peut les mélanger facilement lorsqu'ils sont coupés, et quand les tiges durcissent, on n'est pas exposé à voir tomber dans la litière, de la nourriture qu'on serait bien aise de retrouver plus tard.

Depuis l'adoption de cette méthode, il nous a été permis d'entretenir une plus grande quantité de bétail et de le maintenir en bon état.

Lorsqu'on n'a qu'une très-petite quantité de racines, il est facile de les laver dans des baquets ou dans des auges; mais si la nourriture repose sur les plantes sarclées, il est presque impossible de se passer du cylindre laveur. (Voir fig. 25, p. 155.)

Il importe beaucoup de faire boire les vaches en hiver; lorsque l'eau est très-froide, elles le font avec répugnance. Il est donc nécessaire d'examiner soigneusement si toutes les vaches boivent, et si quelques-unes s'y refusent, il faut les y engager en mettant une petite quantité de son dans l'eau, ou en la faisant tiédir. Je ne saurais trop non plus vous recommander de leur donner à manger à des heures réglées. Une bonne litière n'est pas moins indispensable à leur santé, et le pansement de la main contribue beaucoup à les entretenir en bon état.

On doit enlever le fumier au moins une ou deux fois par semaine. Il vaudrait même mieux faire cette opération tous les jours; cependant nos cultivateurs le laissent pendant plusieurs mois sous leurs vaches, et souvent c'est seulement lorsqu'ils veulent s'en servir qu'ils curent les étables. Cette pratique a plusieurs inconvénients : elle nuit à la santé des bêtes, qui se trouvent dans une atmosphère altérée par les émanations putrides, et d'un autre côté, le fumier pourrit moins également et l'on en obtient une moins grande quantité. En disposant les étables de manière que les urines se rendent toutes dans un même lieu, on en tire un bon parti pour arroser les fumiers et les prairies (1).

La nourriture d'hiver dure ordinairement six mois. Il est prudent de compter sur un demi-mois de plus, parce que, si la mauvaise saison se prolonge et que les fourrages printaniers se trouvent retardés, les animaux font une consommation plus grande de ceux d'hiver.

Le passage de la nourriture d'hiver à celle d'été ne doit pas être trop brusque ; il faut habituer graduellement les animaux au fourrage vert, qui, donné d'abord en trop grande quantité, pourrait les exposer à beaucoup d'accidents.

5.—Voici à peu près l'ordre dans lequel se présentent les coupages de printemps : les navets à faucher, du 15 mars au 1er avril ; le colza, du 1er au 15 avril ; le seigle en vert, du 15 avril au 1er mai ; ensuite le trèfle incarnat et le trèfle commun, dans la première quinzaine de mai.

Les fourrages de printemps ne vous manqueront pas, si vous avez le soin de cultiver les plantes dont nous avons parlé plus haut. C'est alors que vous pourrez restreindre l'étendue des pâturages à ce qu'il faut seule-

---

(1 Sans parler ici de la construction des étables, je dirai seulement qu'elles doivent être bien aérées et éclairées. Les ouvertures élevées remplissent très-bien ce but et ne permettent pas aux courants d'air d'atteindre les animaux.

Il est convenable aussi de réserver un passage propre derrière les animaux et de pratiquer de petites rigoles garnies en bois, en pierres ou en pavés, pour conduire, dans une fosse couverte, ou tout simplement dans une futaille enfoncée en terre, les urines qui n'ont pas été absorbées par la litière.

ment pour promener les animaux, car il est très-avantageux de tenir les bêtes à l'étable pendant une partie
du jour; le fumier de l'exploitation s'en trouve augmenté
de beaucoup.

Dans les fermes de notre département (1), on fait tout
le contraire : les vaches restent à la pâture aussi long-
temps que cela est possible ; de là vient que, dans les
localités où il est difficile de se procurer du fumier à prix
d'argent, la plus grande partie de la ferme reste en
friche.

Les fourrages printaniers, qui ne sont pas aussi
nutritifs que les trèfles, relâchent légèrement les animaux, et disposent leur estomac à supporter une nourriture verte plus substantielle.

Le pâturage sur les terres en friche ou sur celles que
l'on destine aux cultures d'été ne peut être que ruineux,
car, comme nous l'avons déjà dit, le fumier du bétail
qui passe une partie du jour hors des étables est à peu
près perdu, et, en outre, il faut une grande étendue
de terre pour entretenir les animaux en suivant cette
méthode.

Trente ares d'une bonne prairie artificielle nourrissent
mieux une vache ou un bœuf que cent cinquante ares
de pâturages maigres, comme le sont la plupart de ceux
de nos fermes.

Lorsqu'on suit un système d'assolement avec pâtu-

(1) Dans presque tous les départements qui nous avoisinent,
on suit à peu près la même méthode.

rage, l'inconvénient est moins grand, parce que les pâturages semés sur une terre bien préparée et riche en humus fournissent une nourriture plus abondante aux animaux que les herbes qui croissent naturellement sur un sol épuisé, et que l'on a abandonné parce qu'il ne pouvait plus rien produire. D'un autre côté, ils sont beaucoup plus nourrissants, car l'herbe maigre ne produit que difficilement de la graisse.

Les trèfles peuvent former la base de la nourriture d'été ; ils réussissent très-bien dans nos terres fortes, et, lorsqu'ils manquent, les vesces peuvent les remplacer. Dans les terrains où la luzerne réussit, la nourriture d'été est plus assurée, parce que cette plante est une de celles qui poussent encore lorsque la terre est trop sèche pour la plupart des autres végétaux.

Les fourrages verts doivent être donnés avec la même exactitude que les fourrages secs.

Il est bon de commencer à couper une partie du trèfle de très-bonne heure, parce que la partie fauchée d'abord fournit une seconde coupe, lorsque tout le reste a été coupé. On nourrit le bétail, à la fin de l'été, avec les dernières coupes de trèfle, le maïs, les petits pois et les feuilles de choux, de rutabagas, etc. On peut aussi semer de la moutarde blanche après les vesces d'hiver, et l'on obtient par ce moyen un fourrage assez abondant pour l'automne.

Il ne faut pas donner le trèfle et les vesces en trop grande quantité, surtout quand ces fourrages sont jeunes et tendres, parce qu'il en résulte des accidents très-graves, entre autres, la météorisation ou gonflement du flanc gauche. Pour y remédier, on fait avaler, dans un verre d'eau froide, à la bête malade, une ou deux cuillerées ( une vingtaine de gouttes pour un mouton ), d'alcali volatil ( *ammoniaque liquide* ). Pendant l'effet de ce remède, on la promène et on la bouchonne, en ayant soin de la tenir dans un lieu plutôt frais que chaud. Au bout d'une demi-heure, si le gonflement n'a pas diminué, on donne une nouvelle dose. Après deux ou trois, il est bien rare que l'animal ne soit pas désenflé ; dans le cas contraire, on est obligé de percer le flanc, opération qui exige un homme exercé, ou du moins qui l'ait vue pratiquer.

Les racines, prises en trop grande quantité, peuvent aussi produire la météorisation.

C'est entre les repas qu'il faut abreuver le bétail, et non immédiatement après qu'il a mangé. L'eau des mares, pour peu qu'elle ne soit pas trop malpropre, leur convient mieux que l'eau trop vive des fontaines ou des puits.

Le fourrage vert, lorsqu'il est mouillé, n'est pas aussi nuisible qu'on le croit généralement ; il faut seulement avoir l'attention de ne pas l'entasser dans les étables, où il s'échaufferait et prendrait un mauvais goût.

Les pâturages marécageux et acides font perdre le lait des vaches, et certaines plantes, telles que les renoncules, la prêle, etc., leur sont nuisibles (1).

_________

(1) Voir l'*Herbier agricole*.

Les pâturages un peu élevés fournissent plus de lait.

La nourriture verte produit plus de lait et de meilleure qualité que les fourrages secs, surtout quand on ne joint pas à ces derniers une certaine quantité de racines. On peut nourrir avantageusement les bêtes à cornes avec les résidus des féculeries, des sucreries, des brasseries et des distilleries de betteraves, etc.

C'est à l'âge de cinq à six ans que les vaches donnent le plus de lait, et elles le conservent jusqu'à douze ans environ.

### *Laiterie.*

6. — La laiterie est, dans notre département, le meilleur moyen de tirer parti du bétail à cornes. L'engraissement de ces animaux y est peu suivi et ne fait point ordinairement la base de l'entreprise agricole.

On vend le lait doux ou bien on le transforme en beurre ou en fromage. Lorsqu'on trouve à vendre tout le lait, c'est le meilleur moyen d'en tirer un bon parti.

Il faut apporter la plus grande attention à ce que l'on traie les vaches complètement : sans cette précaution. les produits diminuent considérablement. On trait deux ou trois fois par jour. Quelques cultivateurs distingués ont prétendu qu'en adoptant cette dernière méthode, on obtient un peu plus de lait ; mais qu'il est un peu moins substantiel. Le lait qui vient le premier est moins gras et contient moins de crème que le dernier trait.

Il est très-utile de faire laver le pis des vaches avant de les traire. Cette pratique n'est point en usage dans notre pays ; elle contribuerait pourtant à la bonne qualité du laitage et à la conservation du beurre.

On cesse de traire les vaches environ un mois avant l'époque du vélage, quand même elles donneraient encore du lait.

7. — Lorsqu'on veut faire du beurre, on doit avoir une chambre ou laiterie dont la température puisse se conserver égale ; pour cela, il serait bon que le plancher fût au-dessous du niveau du sol, à peu près comme nos celliers. Des ouvertures bien disposées doivent faciliter le renouvellement de l'air.

Il est tout-à-fait indispensable d'entretenir les vases et ustensiles de laiterie dans une grande propreté. On les fait ordinairement en terre cuite, évasés et peu profonds (fig. 56),

FIG. 36.

parce que cette forme permet à la crème de se réunir plus promptement à la surface, et en plus grande quantité que dans des vases étroits du haut. Le lait prend promptement un mauvais goût, lorsqu'il est dans un air vicié, ou que quelques malpropretés s'y sont mêlées : peu de liquides sont aussi délicats.

La crème qui n'a pas séjourné longtemps sur le lait est plus douce, et le beurre qui en provient se conserve mieux et a un goût plus fin que lorsqu'on laisse cailler entièrement le lait. Il est donc indispensable, lorsqu'on veut avoir du beurre très-délicat, de baratter souvent, et dans ce cas il n'est pas besoin que le lait soit aigre : il suffit qu'en traversant la crème avec la pointe d'un couteau le lait ne vienne point à la surface.

Les instruments dont on se sert pour séparer le beurre, et que l'on nomme barattes, sont de différentes formes. Celles qui exigent le moins de force et qui battent le mieux la crème doivent être préférées. Les barattes cylindriques de M. Valcourt sont très-commodes. Nous les avons transformées et rendues beaucoup meilleures. (Fig. 57.)

FIG. 37.

Un degré de chaleur convenable (1) est essentiel pour séparer le beurre de la crème. Lorsque par le froid cette opération se fait trop difficilement, on échauffe le

(1) Environ 12 à 15 degrés.

lait en y ajoutant un peu d'eau chaude, ou encore mieux, on place la baratte dans un autre vase contenant de l'eau plus ou moins chauffée, suivant la température. Lorsqu'au contraire il fait trop chaud, le beurre se rassemble difficilement, et l'on peut mettre la baratte dans l'eau froide pour favoriser l'opération. Le lait qui provient des vaches sur le point de faire leur veau donne son beurre difficilement.

Lorsqu'il tombe des cendres ou du savon dans la crême, le beurre s'en sépare mal; on éprouve encore le même inconvénient lorsqu'après avoir baratté pendant un certain temps on suspend l'opération assez longtemps pour que la crême ou le lait change de température. Dans beaucoup de nos fermes, on ne manque pas de s'en prendre à quelques sortiléges, et l'on a recours à des procédés superstitieux, pour détruire les effets du maléfice. Plus de soins, de propreté et de précision dans le travail feraient éviter ces inconvénients.

Lorsque le beurre est fait, il est très-essentiel de le laver, et ensuite de le travailler fortement pour en tirer tout le petit-lait, qui lui communique un mauvais goût et l'empêche de se conserver aussi bien. On se sert, pour le pétrir et le laver, d'un large vase et d'une cuillère en bois. Le beurre de Rennes est très-bon; mais il se conserverait mieux si nos fermières pouvaient se décider à le laver et à le délaiter avec plus de soin. On donne une plus belle couleur au beurre en mettant dans la baratte du jus de carottes ou de la fleur de souci.

Le lait de beurre est employé avec avantage à la nourriture des cochons; celui dont on a enlevé la crème convient aussi parfaitement aux veaux de quatre à cinq semaines.

8. — La fabrication des fromages n'est pas en usage dans notre pays. Cependant il est bon de vous faire connaître les plus faciles à préparer; car notre lait, de très-bonne qualité, fournirait aussi de très-bons fromages. Notre fabrication en est, du reste, une preuve.

On fait d'innombrables variétés de fromages. Pour les uns, on cuit le lait caillé (à peu près comme nous faisons le chauffé); exemple : les fromages de *Gruyère*, de *Suisse*, de *Hollande*, etc. Pour d'autres, on le fait tout simplement égoutter; exemple : le fromage de *Brie*. Nous nous occuperons seulement de cette dernière méthode. Chacun de ces fromages se distingue encore en gras, demi-gras ou tout-à-fait maigre.

Lorsqu'on fait cailler le lait sans en enlever la crème, le fromage est *gras*. Si on laisse monter une partie de la crème pour l'enlever avant de faire cailler, le fromage n'est que *demi-gras*. Si on la laisse toute monter, il est *maigre*.

Différentes matières sont employées pour faire cailler le lait. Ce qu'il y a de plus simple, c'est d'acheter de la *présure* toute faite chez les épiciers.

Cependant on peut préparer soi-même une **caillette** ou estomac d'un jeune veau qui tète encore.

Après l'avoir lavée toute fraîche, il suffit de la laisser tremper pendant trois ou quatre jours dans du vinaigre

et du sel, puis de la faire sécher, après l'avoir *soufflée*
comme une vessie. Elle se conserve ainsi très-long-
temps.

Quand on veut faire cailler le lait, on prend un
morceau de cette caillette qu'on presse entre ses doigts
dans un verre de lait, en l'y laissant quelque temps,
puis on le retire. Ce verre de lait devient alors une
sorte de présure qu'on mêle au reste du lait.

En hiver, on enfonce le vase dans la litière de l'étable:
au bout de deux ou trois heures, le lait étant complétement caillé, on le prend avec une cuillère, de manière
à ne pas le briser, et on le dépose dans une forme ou
vase percé de trous (fig. 58).

FIG. 58.

et on le laisse égoutter. Lorsque le fromage est assez
dur pour ne pas se briser en le tirant du moule, on le
met sur une planchette et on le saupoudre de sel;
quelques jours après on le retourne, pour le faire sécher
aussi de l'autre côté.

Un cercle de barrique, sur lequel on cloue des lattes,
forme une petite claie très-commode, qu'on suspend
dans le cellier lorsque le temps est sec, ou dans le grenier lorsque le temps est humide.

Si le fromage ne *passe* pas, c'est-à-dire si le caillé
ne prend pas de lui-même la qualité de fromage, on

l'enveloppe de foin ou de paille d'orge mouillée ; et pour hâter cette transformation, on le met dans un pot et on le dépose dans le cellier.

Nous ne nous occuperons pas de la fabrication en grand des différentes espèces de fromages ; ce qui précède vous suffira pour en préparer quelques-uns de bonne qualité, avec les seuls ustensiles de la ferme, et sans avoir besoin de recourir à un appareil complet de laiterie.

*Engraissement du bétail à cornes.*

9. — Lorsqu'on ne peut se livrer avantageusement à l'entretien des vaches laitières, l'engraissement du bétail à cornes forme souvent la base de l'entreprise agricole. Pour réussir dans ce genre de spéculation, on doit encore, plus que pour toute autre partie, s'en occuper directement soi-même, et bien connaître les qualités qui caractérisent les animaux de bonne conformation pour prendre la graisse. Il faut aussi avoir l'habitude des achats et des ventes ; car, sans cela, on perd tout le bénéfice qu'on pourrait raisonnablement attendre d'un système de nourriture bien entendu, en achetant au-dessus du cours et en vendant au-dessous.

L'évaluation du poids de la viande des animaux ne pouvant s'acquérir que par une très-longue habitude, et, d'un autre côté, les balances et bascules propres à peser les animaux étant assez rares dans nos exploitations rurales, nous donnons ici une méthode fort simple et très-exacte, publiée et perfectionnée par M. de Dombasle.

Pour arriver à cette connaissance du poids de la viande nette, on mesure la circonférence de la poitrine de l'animal, en faisant passer un ruban gradué (1) entre les jambes de devant, de manière à ce que la mesure remonte immédiatement derrière l'épaule, du côté où elle passe en arrière de l'une des deux jambes et qu'elle remonte sur le plat de l'épaule, du côté où elle passe en avant de l'autre jambe. On réunit ensuite les deux extrémités de la mesure sur le garrot.

De cette manière, on obtiendrait le poids exact de l'animal, si l'on avait la certitude qu'il était bien placé, c'est-à-dire qu'une des deux jambes n'était pas plus avancée que l'autre; mais, comme il peut arriver que l'une des jambes soit plus ou moins avancée, sans que l'on s'en aperçoive, on doit faire la contre-épreuve avant que l'animal ait changé de position.

Lorsqu'on ne peut se procurer le ruban gradué dont nous avons parlé, l'on se sert d'une ficelle divisée par des nœuds (2).

Mesure d'un bœuf de 175 kilog..... 1<sup>m</sup> 84

          de 200     ..... 1 89

(1) Comme les nœuds très-rapprochés sur une ficelle se confondraient infailliblement et ne donneraient plus une mesure exacte, on n'indique ici que le poids de 25 en 25 kilogrammes. Sur les rubans gradués, les mesures sont beaucoup plus rapprochées et plus exactes.

(2) On trouve des rubans gradués tout fabriqués.

| Mesure d'un bœuf de 225 | . . . . . | 1ᵐ 97 |
|---|---|---|
| de 250 | . . . . . | 2 04 |
| de 275 | . . . . . | 2 11 |
| de 300 | . . . . . | 2 17 |
| de 325 | . . . . . | 2 25 |
| de 350 | . . . . . | 2 28 |
| de 375 | . . . . . | 2 33 |
| de 400 | . . . . . | 2 38 |
| de 425 | . . . . . | 2 45 |
| de 450 | . . . . . | 2 48 |
| de 475 | . . . . . | 2 55 |
| de 500 | . . . . . | 2 57 |

Par ce procédé, on peut se rendre compte du poids que les animaux à l'engrais acquièrent en consommant telle ou telle espèce de nourriture. On conçoit sans peine combien ces expériences, faites avec soin et suivies avec assiduité, peuvent être avantageuses et intéressantes pour le cultivateur.

C'est vers la septième ou la huitième année que le bétail à cornes s'engraisse le plus facilement (1); les jeunes bêtes exigeraient une plus grande quantité d'aliments (2).

L'engraissement au pâturage ne peut avoir lieu avan-

______

(1) Les taureaux châtrés ne doivent être engraissés que lors-qu'ils ont perdu leur chair de taureau. Il est donc convenable de les faire travailler pendant quelque temps, pour que leur viande soit bonne.

(2) Quelques espèces, telles que la race de Durham, en-graissent facilement dès leur jeunesse.

tageusement que sur des prairies de bonne qualité, et
en nombre suffisant pour avoir une nourriture égale
pendant toute l'année.

Il est très-important d'éloigner tout ce qui peut in-
quiéter le bétail : aussi ne doit-on laisser entrer les
hommes que le moins possible dans les pâturages, et
surtout en éloigner soigneusement les chiens. Pour commencer l'engraissement, on met les bêtes dans les pâturages les moins bons et déjà parcourus par des animaux
plus gras; quelque temps après, on les met dans les
prairies de qualité moyenne, et enfin dans les pâturages
de meilleure qualité, pour terminer l'engraissement.
Lorsqu'il ne se trouve pas d'eau dans les prairies, on
pratique des mares, afin de retenir les eaux pour les
besoins du bétail.

L'engraissement est plus prompt au printemps, et
n'exige presque aucun soin.

Les marchands consacrent souvent à l'engraissement
de leurs bœufs des pâturages très-étendus qui finissent
par se couvrir d'inégalités, de ronces et de chardons.
S'ils étaient soumis à un assolement régulier, c'est-à-
dire si on les laissait quelques années en pâturages, et
qu'ensuite on les labourât pour en obtenir d'autres récoltes, ces terrains produiraient des herbes plus abondantes et de meilleure qualité, et les récoltes de céréales
ou de racines seraient probablement très-belles. Les
parties trop basses pour être labourées pourraient être
fauchées comme prairies, et ensuite consacrées pendant
quelque temps au pâturage.

7

En conseillant un assolement régulier, nous ferons observer que ce système ne pourrait se maintenir et être profitable qu'en conservant la fertilité du sol.

Voici une rotation qui conviendrait en certaines localités, et que l'on modifierait pour les terrains où elle ne serait pas applicable :

Sur un vieux pâturage, première année, avoine ;

Deuxième année, racines fumées (pommes de terre, betteraves, navets, rutabagas, choux ou colza) ;

Troisième année, froment ou seigle.

Dans cette céréale, on sèmerait de la luzerne, ou des trèfles, ou des ray-grass, suivant la nature du terrain, et ensuite, après avoir fauché pendant une ou deux années, on les consacrerait au pâturage des bœufs.

Par ce moyen on aurait des racines et des fourrages secs pour la nourriture d'hiver, et les autres produits couvriraient largement les frais de culture.

On engraisse encore avec les fourrages verts à l'étable. Dans cette circonstance peu habituelle, il faut donner la nourriture en abondance, et observer les règles d'ordre et de soins déjà prescrites. Un bœuf mange de 75 à 100 kilogrammes de fourrages verts par jour ; en ajoutant une petite ration de foin sec, on accélère beaucoup l'engraissement ; en donnant une petite quantité d'orge moulue, les résultats sont encore plus satisfaisants (1).

L'engraissement au foin peut être mis en pratique

---

1 Lorsqu'on a une grande quantité de trèfle, on peut le faire sécher ; ce foin est très-propre à l'engraissement du bétail.

dans les localités où cette denrée est à bon marché et lorsque la vente n'en est pas facile, 20 kilogrammes de foin par jour suffisent à un bœuf de taille ordinaire ; mais ces animaux engraissent plus promptement et coûtent moins, en remplaçant une partie du foin par une vingtaine de kilogrammes de betteraves ou de pommes de terre et de la paille à discrétion. Du reste, comme pour les vaches, la nourriture doit être proportionnée au poids de l'animal. En faisant cuire les pommes de terre, comme nous l'avons indiqué, l'engraissement est plus rapide et il faut moins de nourriture.

Lorsque les animaux sont un peu gras, on peut ajouter à la nourriture ordinaire 2 ou 3 kilogrammes d'orge concassée, de féveroles, de tourteaux d'huile de lin ou de colza.

Ces aliments doivent être distribués avec la même exactitude que pour les vaches laitières, et les soins de propreté et le pansement de la main sont encore plus indispensables.

Une fois que les heures de repas sont réglées, il ne faut pas les changer. Il est aussi très-important de laisser les animaux en repos, lorsque leur repas est terminé. Sans cette précaution, l'animal qui n'a pas reçu sa ration ordinaire à l'heure habituelle se tourmente et reste inquiet pendant longtemps.

L'engraissement des bœufs qui ont beaucoup travaillé doit toujours être précédé d'un certain temps de repos, pendant lequel on ne donne pas la nourriture complète de l'engraissement ; quelques cultivateurs sont dans l'usage de faire pratiquer une légère saignée à cette époque. On doit toujours conserver la nourriture la meilleure et la plus substantielle pour la fin de l'engraissement.

Dans les exploitations où les animaux sont bien nourris, il s'en trouve quelques-uns qui, avec la ration ordinaire, s'engraissent de manière à être vendus avantageusement. Lorsqu'on ne saisit pas cette époque favorable à la vente, on perd souvent tout le bénéfice que l'on pouvait faire sur une bête qui a atteint son plus haut prix et qui ne peut que diminuer.

10. — Outre les produits qu'on retire des bêtes à cornes pour le lait et la viande, elles sont employées avec avantage aux travaux de culture, comme bêtes de trait. Les bœufs y sont plus propres que les vaches, qui pourraient cependant, dans quelques circonstances, être attelées aussi.

On a longtemps discuté sur la préférence à donner aux bœufs ou aux chevaux, mais sans tenir compte de la position où chaque cultivateur peut se trouver.

Les chevaux ont certainement des avantages que nous allons énumérer ici ; nous en ferons autant pour les bœufs, et, d'après cela, chacun devra juger quel genre d'attelage sera plus convenable à sa position.

Les chevaux exécutent tous les travaux de culture ; ils vont plus vite, et soutiennent le travail plus longtemps. Leur vivacité fait qu'ils surmontent plus facilement les obstacles qui arrêteraient les bœufs ; et tous les travaux exigeant de l'adresse, tels que les binages, buttages, etc., ne peuvent guère être exécutés que par les chevaux, que l'on dresse à toutes ces besognes avec une grande facilité.

D'un autre côté, voici ce que l'on peut dire en faveur des bœufs : ils exécutent les travaux de charrue au moins aussi bien que les chevaux, et ils peuvent faire les charrois de l'exploitation, lorsqu'ils ne sont pas trop éloignés et qu'ils n'exigent pas une trop grande célérité; ils coûtent moins d'entretien et de nourriture, car des fourrages secs ou verts et des racines leur suffisent, tandis que les chevaux doivent toujours recevoir une certaine quantité de grains, dont le prix est plus élevé que celui des fourrages ou des racines. Leur prix d'achat est ordinairement moins considérable : ils sont moins exposés aux accidents, et même leur valeur augmente presque toujours lorsqu'on n'en exige pas un travail excessif.

Les chevaux, au contraire, diminuent beaucoup de prix lorsqu'ils ont éprouvé quelques accidents. En effet, on ne peut tirer aucun parti d'un cheval qui a la jambe cassée, tandis qu'un bœuf dans le même état perdra peu de sa valeur, s'il a été bien nourri.

D'après cela, le travail exécuté par les bœufs est toujours à plus bas prix que celui que font les chevaux; mais les bœufs ne peuvent être convenablement employés à tous les travaux d'une exploitation. On doit donc se borner à entretenir seulement le nombre de chevaux nécessaires pour faire les travaux qui ne conviendraient pas aux bœufs.

On attèle les bœufs au collier ou au joug : le premier

mode est préférable sous beaucoup de rapports ; mais, comme il est plus dispendieux, les avantages qui en résultent ne peuvent dédommager du prix élevé des colliers, et ce serait en vain que nous chercherions à introduire cette méthode dans notre pays, où nous ne devons conseiller que des améliorations qui produisent un bénéfice immédiat.

# ONZIÈME LEÇON.

## Cochons et Bêtes à laine.

### *Cochons.*

1. — Dans toutes les fermes, l'entretien des cochons est avantageux, parce que ces animaux consomment des matières qui, sans eux, pourraient être difficilement utilisées.

Il importe, pour les cochons autant que pour les autres espèces de bétail, de choisir une bonne race estimée dans le pays et facile à vendre.

Les signes suivants annoncent ordinairement un bon porc : la hure courte, les yeux clairs et vifs, le cou épais, les épaules larges, le dos droit, le corps allongé, le ventre tombant, les jambes courtes et les os minces.

Les cochons de race bretonne présentent en général peu de ces caractères, et leur conformation est plutôt mauvaise que bonne; ils ont la tête longue, le cou mince, les épaules et la croupe étroites, le dos fortement bombé et les jambes très-longues. La race de la Sarthe, dite *craonnaise*, est mieux conformée et engraisse avec beaucoup plus de facilité; elle commence à se répandre chez quelques cultivateurs intelligents. D'autres espèces mieux construites, telles que les races anglaises, coûtent moins à nourrir et donnent beaucoup plus de viande. Elles sont déjà très-appréciées, et il faut espérer qu'elles remplaceront bientôt notre mauvaise race.

Dans les exploitations rurales où l'on fait beaucoup de beurre, le petit-lait est employé avec avantage à la nourriture des cochons ; ces animaux peuvent aussi procurer un emploi avantageux pour les récoltes de pommes de terre.

Le prix des cochons est très-variable ; aussi, lorsqu'on veut en engraisser pour les revendre, il faut suivre les marchés et acheter les bêtes maigres quand le prix n'en est pas trop élevé ; car les variations souvent très-subites dans le prix absorbent les bénéfices et exposent même à des pertes considérables.

2. — Pour élever des cochons, il faut choisir un mâle ou verrat bien conformé, d'une race féconde, et surtout une truie ou femelle d'une forte constitution ; celles qui font le plus de petits doivent être préférées. Quelquefois le nombre de ces petits va jusqu'à douze ou quinze ; mais huit ou neuf est le nombre le plus ordinaire.

Il ne convient pas d'employer le verrat avant qu'il ait un an ; lorsqu'il a atteint trois ou quatre ans, on le fait châtrer, parce qu'alors il deviendrait dangereux et sa chair de mauvaise qualité. On doit aussi attendre le même âge pour faire couvrir les truies ; elles font par an deux portées, dont la durée est de quatre mois environ. On a remarqué que chaque petit se tenait à son mamelon, et que lorsqu'il n'y en avait pas un nombre suffisant, dix ou douze, les petits qui n'en avaient pas dépérissaient et finissaient par crever. Celles qui ont le défaut de manger leurs petits doivent être engraissées et destinées à la boucherie. Ordinairement les truies font moins de petits à leur première portée qu'à celles qui suivent.

Les truies pleines doivent être bien soignées, sans cependant recevoir une nourriture aussi forte que les cochons à l'engrais. Si l'on tombait dans un excès contraire et qu'on laissât la truie souffrir de la faim, elle pourrait avoir des dispositions à dévorer ses petits. Il est essentiel de tenir note de l'époque de la saillie, pour connaître aussi celle de la mise bas, qui a lieu seize ou dix-huit semaines après, afin de surveiller attentivement les animaux. En enlevant les petits aussitôt leur naissance, de manière à les rassembler auprès de leur mère lorsqu'ils sont tous faits, on évite que quelques-uns soient écrasés ou étouffés pendant le part.

Aussitôt que les petits sont nés, on donne à la mère de la farine d'orge ou des fèves dans de l'eau tiède, et on lui fournit, pendant qu'elle allaite, une bonne nourriture, de manière à l'entretenir en lait ; et de la litière bien sèche, afin que les jeunes cochons soient sèchement et chaudement.

Lorsqu'ils ont atteint l'âge d'un mois, on commence à les habituer à se passer de leur mère. On leur donne des aliments de bonne qualité, tels que du lait ou de l'eau et des farines. Ces premiers repas doivent être au moins de quatre ou cinq dans le commencement, et peu à peu on finit par amener les jeunes animaux au même régime que les vieux, c'est-à-dire à trois repas par jour.

C'est vers six mois qu'on châtre les jeunes porcs. Avant et après cette opération, il ne faut pas leur donner trop à manger.

La nourriture au pâturage ne peut être avantageuse dans les fermes bien cultivées, parce qu'elle ne fournit aux animaux que de quoi s'entretenir et ne suffirait pas à l'engraissement. Il faut, en outre, consacrer beaucoup plus d'espace aux cochons que lorsqu'on les nourrit à l'étable.

On peut cependant les conduire dans les champs qui ont produit des pommes de terre, afin qu'ils profitent de celles qui sont restées dans la terre après la récolte.

Les fourrages verts, tels que le trèfle, la chicorée sauvage, la luzerne, etc., leur conviennent, lorsqu'ils sont coupés jeunes et tendres; mais, pour que ces aliments leur profitent, il faut les faire cuire et y ajouter un peu de son et du petit-lait, si cela est possible.

Ils aiment surtout les laitues, et, dans quelques fermes, on en cultive uniquement pour leur nourriture.

Les cochons ont l'estomac très-fort; ils mangent sans inconvénient les plantes vénéneuses qui seraient dangereuses pour les autres animaux.

Les résidus des brasseries, des sucreries, des amidonneries, peuvent être employés à la nourriture des cochons; mais, comme ces différentes branches d'industrie sortent de notre sujet, nous n'entrerons dans aucun détail sur le plus ou le moins d'avantages que présentent ces aliments.

Très-rarement les grains sont d'un assez bas prix pour qu'il soit avantageux de les employer comme principale nourriture des cochons.

Les glands, dont ils sont très-friands, produisent comme les grains un lard ferme et de bonne qualité.

Dans le voisinage des forêts, on conduit les cochons sous les chênes à l'époque où les glands tombent, et, par ce moyen, on leur procure une nourriture saine et à peu de frais.

5. — Les cochons consomment avantageusement pour le fermier tous les débris de cuisine. Cependant le lait aigre paraît être ce qui leur convient le mieux; mais, comme il est rare qu'on en ait assez abondamment, on y mêle du trèfle haché et des débris de légumes. Les pommes de terre cuites leur conviennent beaucoup, les engraissent; mais il est bon d'y ajouter un peu de grain égrugé vers les derniers temps de l'engraissement (1).

On peut employer, pour cuire les racines, le petit appareil que nous avons décrit et qui est représenté à l'article Nourriture du bétail à cornes.

Lorsqu'on peut ajouter aux pommes de terre des

______

(1) Dans la plupart des fermes, les pommes de terre forment la base de la nourriture des cochons.

matières animales, telles que des viandes de cheval, on obtient, dans très-peu de temps, des résultats remarquables. Notre expérience, dans ce cas, sera encore pour vous une chance de succès.

En général, tous les liquides qu'on donne aux cochons leur sont plus profitables lorsqu'ils ont un peu aigri; c'est pour cela que, dans une porcherie bien dirigée, on doit avoir plusieurs baquets destinés à contenir les aliments à différents degrés d'acidité. Ainsi, le premier contiendra la nourriture cuite du jour même; le second, celle de la veille, et le troisième, celle de deux jours, et l'on donnera toujours la plus ancienne.

Les cochons mangent beaucoup plus lorsqu'on commence à les engraisser que plus tard. Il est donc avantageux de réserver la meilleure nourriture pour les engager à manger lorsqu'ils sont devenus plus gras. Un repos complet, une grande régularité dans les heures des repas, sont tout-à-fait indispensables.

Les cochons ne peuvent engraisser promptement et facilement que lorsqu'ils ont acquis tout leur développement; ce qui n'a lieu que vers un an ou un an et demi.

4. — La construction des refuges à porcs exige des soins bien entendus. Il est nécessaire qu'ils soient disposés de manière à permettre de séparer les cochons des différents âges, des différents degrés d'engraissement et aussi de sexes différents, lorsqu'ils n'ont pas été châtrés. Des loges bien sèches et pavées solidement en pierres ou en bois entretiennent la santé de ces

animaux, et permettent de recueillir tout le fumier qu'ils font en grande abondance (1).

Quoiqu'on soit généralement porté à croire que les cochons s'engraissent au milieu de la fange, où ils vivent avec plaisir, la propreté ne leur est pas moins profitable qu'aux autres animaux. C'est par cette raison qu'on entretient leur santé en les lavant et les faisant souvent baigner.

*Bêtes à laine.*

5. — Les bêtes à laine ne sont pas nombreuses dans nos fermes, dont la plupart sont trop peu étendues pour qu'il soit possible d'entretenir un troupeau. D'un autre côté, les grands avantages qui résultent du commerce du beurre engagent nos agriculteurs à faire consommer de préférence leurs fourrages par les vaches. L'humidité de notre climat paraît aussi peu favorable aux races fines, telles que les mérinos.

Les moutons de la race du pays sont petits et leur laine est grossière. Cette race peut convenir pour le commencement d'une entreprise, lorsqu'on n'a pas encore de pâturages abondants. Plus tard, il faudrait changer l'espèce par des croisements faits avec discernement, ou par l'introduction d'autres animaux (2).

(1) Les refuges à porcs doivent être bien aérés, et disposés de manière à ce qu'on puisse facilement voir tous les animaux et les faire promener dans une enceinte réservée pour eux

(2) Il est probable que les moutons anglais à longue laine,

Les moutons mérinos ne pourraient être introduits que sur les terrains les plus secs et les plus élevés ; encore est-il douteux qu'ils y réussissent. Nous pouvons donc regarder l'éducation des moutons comme très-peu suivie dans notre département (1).

Elle peut être avantageuse dans les exploitations qui possèdent une grande étendue de terrain, dont une partie reste inculte, soit par sa position montueuse, soit en raison des obstacles apportés à la culture par les pierres ou roches qui saillissent à la surface du sol. Les moutons trouvent encore leur subsistance sur les terres où les autres animaux ne pourraient vivre. On calcule en général qu'une vache consomme autant que dix moutons; mais, la plupart du temps, comme nous venons de le dire, les moutons peuvent utiliser des aliments qui ne pourraient pas servir à la nourriture des vaches.

6. — On ne met jamais les jeunes brebis avec les béliers que lorsqu'elles ont atteint l'âge de dix-huit mois. Il est essentiel aussi que le mâle ait au moins le même âge.

Comme il est important que les agneaux naissent tous à peu près dans le même temps, on fait saillir les brebis dans la même saison, et, jusqu'à l'époque de la

qui vivent dans un climat à peu près analogue au nôtre, conviendraient pour ces croisements.

Nous avons essayé la race southdown, qui a bien réussi et qui semble une des plus rustiques.

(1) Dans les localités plus sèches, les mérinos sont très-productifs, en raison de la valeur élevée de leur laine.

saillie, on tient les béliers séparés des brebis. A l'époque de la monte, les béliers doivent recevoir une nourriture très-substantielle, et l'on ne doit pas leur donner une trop grande quantité de femelles à couvrir : vingt ou trente au plus. Sans ces précautions, on s'expose à l'abâtardissement de la race.

Les brebis portent environ vingt-et-une semaines et quelques jours. Pendant ce temps on leur donne une bonne nourriture, surtout lorsqu'elles approchent de l'époque de la mise bas; on doit les traiter avec douceur, et surtout éviter que les chiens les tracassent.

Pendant l'agnelage, qui s'annonce par le gonflement du pis, il est bon, comme nous l'avons dit pour les vaches, de laisser agir la nature, ou de ne l'aider qu'avec circonspection. La saison la plus convenable pour la mise bas des brebis est la fin de l'hiver ou le commencement du printemps, parce que les mères trouvent quelque temps après une nourriture abondante, et que les jeunes agneaux peuvent manger des herbes tendres aussitôt qu'ils commencent à brouter.

On donne une bonne nourriture à la brebis pour entretenir la quantité de lait, et pour assurer la réussite des agneaux. Lorsqu'ils ont atteint cinq mois, on les sèvre graduellement, et on les habitue à manger, en leur donnant des aliments de bonne qualité, tels que de l'herbe tendre, de bon foin et des breuvages faits avec de la farine. C'est vers l'âge de trois semaines ou un mois qu'on châtre les mâles.

7. — Les dents incisives (1) indiquent l'âge des bêtes à laine ; elles en ont huit à la mâchoire inférieure ; il n'y en a pas à la supérieure. Les dents de lait sont remplacées à peu près dans l'ordre suivant : d'un an à un an et demi, les dents du milieu ou pinces; de deux à deux ans et demi, les premières mitoyennes; de trois à trois ans et demi, les secondes mitoyennes, et enfin les *coins* l'année suivante.

On dit alors que la bête a la bouche faite. Les dents s'usent ensuite graduellement, comme dans les bêtes à cornes; lorsqu'elles commencent à s'écarter et à tomber, il est prudent d'engraisser les bêtes ou de les vendre.

8. — Les moutons sont nourris, en été, au moyen des prairies naturelles ou pâturages, ou bien à l'aide des prairies artificielles.

La première méthode ne peut convenir que lorsque, comme nous l'avons dit, la nature du terrain n'est pas propre à la culture. Les prairies artificielles assurent mieux la nourriture, surtout lorsqu'elles forment la base d'un bon ensemble de culture.

Si on veut faire consommer les récoltes sur place, il faut, pour éviter que les bêtes ne gâtent une grande quantité de fourrage, ou n'en mangent de manière à se faire mal, les renfermer au moyen de claies qui leur permettent de passer la tête pour brouter autour de l'enceinte; on avance graduellement ces claies, et l'on

---

1) Incisives, dents tranchantes placées sur le devant des mâchoires.

peut ainsi régler la nourriture. Il est aussi avantageux
de faire consommer le fourrage vert à l'étable pendant
l'été. Cette méthode pourrait être convenable dans notre
pays, où le parcage n'est guère praticable.

La nourriture d'hiver se compose ordinairement de
paille et de foin. Un kilogramme de foin par jour et de
la paille à discrétion suffisent à l'entretien d'une bête à
laine. Cette nourriture est encore beaucoup plus profitable, si l'on peut y ajouter 2 ou 3 kilogrammes de
racines, et, pour les moutons à l'engrais, du grain ou
de la farine. Lorsque les moutons mangent du fourrage
sec, ils ont besoin de boire souvent (1).

Le foin des prairies artificielles est presque toujours
préférable à celui des prairies naturelles, surtout lorsqu'il a été récolté et séché avec soin.

Si les bêtes à laine n'ont pas d'appétit, ou que leurs
fourrages ne soient pas de bonne qualité, on peut ajouter
à leurs aliments une petite quantité de sel, et aussi des
substances aromatiques ou toniques, telles que de la
poudre de gentiane, de l'origan, de l'absinthe, etc.

Les pâturages élevés et secs conviennent mieux aux
moutons que ceux qui sont humides, et ils s'y entretiennent en meilleure santé.

Lorsqu'on sème des plantes destinées à former des
pâturages pour les moutons, la lupuline, le ray-grass
d'Angleterre, le trèfle blanc, la pimprenelle, etc.,

_______________

(1) Comme pour les bêtes à cornes, les racines peuvent former
la base de la nourriture des bêtes à laine.

doivent être préférés, parce que ces plantes fournissent une très-bonne nourriture, et qu'en outre elles ne redoutent pas autant que d'autres plus vigoureuses d'être rasées de très-près par les animaux.

Dans les terrains calcaires et secs, la lupuline est un fourrage très-avantageux pour la nourriture des moutons.

Les prairies marécageuses et acides leur sont tout-à-fait nuisibles, et ils ne tardent pas à y dépérir.

Lorsqu'on a des pâturages secs et d'autres un peu humides, on doit conduire les animaux sur les terrains élevés, quand la température est humide, et ne les mettre à pâturer dans les parties basses que lorsque la température est sèche.

La nourriture sèche et la nourriture verte données dans la bergerie doivent être distribuées avec toute l'exactitude que nous recommandons pour la nourriture des bêtes à cornes, et il est très-important de ne pas changer trop brusquement l'espèce de fourrage. Ce soin est surtout indispensable lorsque les bêtes vont pâturer; car si, après les avoir tenues sur un sol maigre où les herbes sont rares, on les laisse paître dans une prairie de bonne qualité, ces animaux, qui avaient souffert de la faim, mangent outre mesure, et sont exposés aux indigestions ou aux diarrhées, qui leur sont très-préjudiciables.

L'hiver, on donne quelquefois aux moutons des feuilles qu'on se procure en coupant en juillet des branches d'orme, de tilleul, de peuplier, d'érable, de

frêne, etc.; on fagote ces branches, on les fait sécher,
et on les ramasse à l'abri de l'humidité.

9. — Il faut des bergeries saines, bien aérées, qui
soient garnies d'auges et de râteliers disposés pour ga-
rantir la laine de la malpropreté. Pour atteindre ce but,
on place ces râteliers verticalement, ou un peu inclinés
dans un sens opposé à ceux des vaches et des chevaux.
Au moyen de cette disposition, la poussière et les petits
brins de fourrage ne tombent point sur la laine.

Les bêtes à laine, plus que tous les animaux, aiment
un air souvent renouvelé et frais. Elles ne redoutent
pas beaucoup le froid, car elles sont très-bien abritées
par leur laine. Il est aussi à désirer qu'il y ait plusieurs
compartiments dans la bergerie, de manière à séparer
les mâles des femelles, les agneaux de la mère, lorsqu'on veut les sevrer, et les bêtes à l'engrais du reste
du troupeau.

Le parcage, qui est en usage dans beaucoup de
parties de la France, surtout dans celles qui reposent
sur un sous-sol sec et perméable, est complétement
inconnu dans notre pays. Il consiste à tenir les bêtes à
laine au moyen de claies, pendant un temps plus ou
moins long, sur le terrain qu'on veut engraisser.

Cette méthode n'aurait probablement pas de succès,
en raison de l'humidité de notre sol ; et comme elle
présenterait des inconvénients graves et quelques diffi-
cultés, nous vous conseillons de ne pas l'adopter, ou
du moins de l'essayer d'abord en petit.

10. — Il est avantageux de pousser l'engraissement

avec rapidité ; sans cela, les bêtes que l'on conserverait longtemps ne paieraient pas suffisamment leur nourriture.

Pour engraisser au pâturage, on doit suivre l'ordre que nous avons indiqué pour les bêtes à cornes, c'est-à-dire tenir les moutons les plus gras sur les pâturages les plus abondants, et ceux que l'on commence à engraisser sur les prairies qui ont été déjà parcourues par les bêtes grasses.

Lorsque les pâturages ne peuvent pas suffire assez abondamment à la nourriture des bêtes d'engrais, on donne un supplément à la bergerie, en foin, en racines ou en grain. L'engraissement des moutons peut être avantageux dans les exploitations où l'on a une grande quantité de racines pour l'hiver et beaucoup de fourrage vert pour l'été.

La paille de sarrasin est très-nuisible à la santé des moutons ; elle leur cause une maladie qui se manifeste par l'enflure des oreilles : il faut donc éviter de la leur donner comme fourrage.

La tonte des moutons se fait ordinairement en juin ; il importe beaucoup qu'elle soit exécutée avec soin : la laine doit être coupée bien ras ; sans cette précaution, il s'en perd beaucoup.

11. — Les moutons sont, comme les bêtes à cornes, exposés à la météorisation. On emploie les mêmes remèdes, c'est-à-dire l'ammoniaque liquide ou l'éther sulfurique, à la dose de vingt ou vingt-cinq gouttes, dans un verre d'eau froide. Lorsqu'on est à portée

d'une rivière ou d'une mare, on réussit souvent à faire disparaître la météorisation en faisant sauter les bêtes à l'eau.

Les bêtes à laine sont encore exposées à une autre maladie; c'est la cachexie aqueuse, ou pourriture : cette maladie les attaque lorsqu'elles ont été conduites dans les prairies marécageuses, ou même dans les prairies plus sèches, pendant les saisons humides. Pour la prévenir, il faut éviter de laisser les moutons au pâturage par l'humidité, leur donner un peu de fourrage sec à la bergerie, et quelques pincées de la poudre aromatique dont nous avons déjà parlé.

# DOUZIÈME LEÇON.

## Chevaux.

I. — Nous élevons peu de chevaux dans notre département; presque tous ceux que nous employons viennent de la Basse-Bretagne. Leurs formes sont, en général, peu élégantes; mais ils sont robustes, travaillent bien, et c'est une des meilleures races de France pour le trait.

On ne s'est peut-être pas assez occupé de l'amélioration de la race des chevaux bretons, qu'il importerait pourtant de perfectionner; cependant des agriculteurs font maintenant de grands efforts pour obtenir de véritables perfectionnements. L'amélioration des chevaux par les croisements de races est beaucoup plus difficile que celle des autres animaux; les grandes différences dans les formes des étalons et des juments donnent presque toujours des produits mal conformés et peu suivis dans leur ensemble : nous ne conseillerons donc, pour perfectionner notre race, qui est bonne, que de choisir les plus beaux individus. Cependant on pourrait croiser avec les étalons percherons, qui ressemblent beaucoup aux chevaux bretons, mais qui sont un peu plus lestes et d'une taille plus forte.

Presque toujours les poulains qui proviennent de

juments bretonnes de trait et de chevaux fins envoyés
chaque année comme étalons sont d'une mauvaise constitution, parce que, comme nous l'avons dit, il existe
une trop grande différence de formes entre le père et
la mère. Ainsi, de simples cultivateurs comme nous
doivent laisser à l'administration des haras et aux riches
propriétaires le soin de perfectionner les belles espèces
de chevaux fins et de tenter les croisements; expériences
véritablement utiles, mais qui ne peuvent cadrer avec
nos ressources, et que le cercle restreint de nos rela-
tions ne nous permet pas d'exécuter convenablement.

Les chevaux de trait doivent donc être l'objet de toute
notre attention; et certainement cette espèce de chevaux rend au moins autant de services que les autres.

Ne voulant m'occuper des chevaux que sous le point
de vue commercial et agricole, je vais soumettre quelques observations aux éleveurs de chevaux bretons,
de manière à les éclairer sur leurs véritables intérêts.
La question dont nous nous occupons est une des plus
importantes pour l'agriculture; elle paraît fort difficile
à résoudre, et cependant elle se trouve nettement
tranchée par les faits.

La meilleure preuve que nos chevaux de trait sont
bons et n'ont besoin que de soins, c'est qu'ils se
vendent bien, qu'ils sont de plus en plus recherchés, et
que leur valeur augmente. Substituons des chevaux de
selle à cette bonne race de trait, et nos cultivateurs ne
les vendront que difficilement; nous ne produirons plus
une marchandise d'un débit assuré.

Ainsi, laissons aux départements où la race est plus légère que la nôtre le soin de produire des chevaux de selle (nous n'aurons pas le mauvais lot), et nous qui avons une race très-propre au service des diligences, au roulage et même au service militaire, appliquons-nous à la perfectionner par une bonne nourriture (1) et par le choix d'étalons de même espèce, bien choisis, ou par les étalons percherons, qui, comme je l'ai dit, ressemblent beaucoup aux chevaux bretons. Quelques personnes pensent que ces deux races sortent de la même souche. Du reste, que les chevaux percherons et bretons soient de races différentes, ou que les percherons ne soient que des bretons grandis par une bonne nourriture, ce qui pourrait encore bien être, peu nous importe, le résultat sera toujours le même.

Si nous voulons des chevaux plus légers, choisissons pour étalons nos animaux les moins lourds, et nous obtiendrons plus de vitesse pour le service des diligences, sans diminuer la force indispensable aux chevaux de trait; mais n'allons pas gâter notre bonne espèce par des étalons dont les qualités nuiraient à la vente de nos produits.

Je suis bien convaincu que ce que j'avance ici sera blâmé de quelques personnes, et surtout des amateurs

---

(1) M. de Dombasle, dans un article de la Production des chevaux en France, Annales de Roville, 6e livraison) d'une clarté et d'une vérité frappantes, a démontré que l'amélioration des races de chevaux est entièrement liée aux perfectionnements de l'agriculture, et par suite à la bonne alimentation de ces animaux.

de chevaux de selle et de course ; mais j'ai la conviction qu'il est dans l'intérêt particulier des cultivateurs, dans celui de l'agriculture en général, et aussi dans celui du commerce, de produire les chevaux dont on a le plus besoin, et qui, par cette raison, se vendent facilement. Je suis bien loin d'être ennemi des croisements, je crois même qu'au moyen de ces croisements bien entendus, on peut perfectionner les races de chevaux ; mais il est de toute nécessité qu'ils soient exécutés avec discernement et bien suivis.

Les efforts faits par de riches propriétaires et par le Gouvernement pour obtenir, par les croisements, de beaux chevaux de selle ou de course, sont certainement très-louables, et l'on doit leur en savoir gré ; mais il n'est pas dans l'intérêt du cultivateur de s'occuper de ces races.

Le Gouvernement nous rendra donc de grands services en nous envoyant, avec les chevaux fins, des étalons de trait, de manière à ce que les cultivateurs puissent choisir ceux qui conviennent le mieux à leurs juments.

Comme étalons de trait, il est bien entendu que je ne conseille pas de prendre des animaux lourds, mal faits, et qui n'ont d'autre mérite que d'être énormes; car, bien que les chevaux de trait de forte taille soient très-recherchés et qu'on les emploie presque toujours plus avantageusement que les petits chevaux, ces étalons doivent être choisis avec autant de soin que ceux de selle.

7 *

Enfin, je terminerai par un exemple dont on reconnaîtra peut-être l'exactitude : dans une de nos bonnes foires de Rennes, ou d'une autre partie de la Bretagne, amenez cent chevaux de selle, quelques amateurs en achèteront ; mais vous aurez beaucoup de peine à en vendre la moitié ; tandis que si, sur cette même foire, vous présentez deux cents bons chevaux bretons propres au service du roulage et des diligences, il se trouvera assez de marchands pour en acheter un tiers de plus.

*Rien ne peut être produit avec avantage, en agriculture, si l'on ne trouve un débouché assuré.*

2. — Le cheval de labour doit être épais, court et ramassé : il doit avoir la poitrine et la croupe larges, les épaules fortes, le corps arrondi et musculeux. L'air gai, la corne solide, le pied d'aplomb et le pas assuré, sont des signes de bonne conformation.

Les juments peuvent être conduites à l'étalon à l'âge de trois ans ; cependant, lorsqu'on veut les faire travailler continuellement, il est bon d'attendre plus tard. On doit les faire saillir lorsqu'elles sont bien en chaleur ; l'époque la plus favorable est la fin de l'hiver, parce que les juments, portant environ un an, se trouvent à l'époque la plus avancée de leur gestation lorsque les travaux de campagne sont peu nombreux. On peut les employer à ces travaux jusqu'au dixième mois. Les aliments très-nutritifs, et qui occupent peu de place dans l'estomac, tels que les farines et les grains, leur conviennent beaucoup. L'époque du part s'annonce par le gonflement des mamelles et par les enfoncements qui se font aux deux côtés de la queue, comme on le remarque aussi chez les vaches à la même époque. Ainsi que nous l'avons dit en parlant de ces derniers animaux et des brebis, et comme nous ne cesserons de le répéter, il faut, pendant le *part*, ou *poulinage*, ne pas troubler mal à propos les efforts de la nature en cherchant à tirer sur le poulain. De même que pour les veaux, lorsque le cordon ne se rompt pas de lui-même, il faut le lier à cinq ou six centimètres du poulain, et le couper un peu plus haut.

Aussitôt que le poulain est né, on jette dessus un peu de sel, afin d'engager la mère à le lécher.

On donne à la jument de l'eau tiède blanchie avec de la farine d'orge ou des recoupes. Pendant l'allaitement, elle doit être nourrie avec des fourrages de très-bonne qualité et du grain égrugé (broyé ou moulu grossièrement). Au bout de trois semaines, elle peut être remise au travail, en ayant bien soin qu'elle ne s'échauffe pas, parce que son lait serait de mauvaise qualité.

Les poulains se sèvrent à six mois environ, et on les habitue peu à peu à manger de bon foin et à boire de l'eau blanchie avec de la farine d'orge.

Après le sevrage, il ne faut pas donner à la jument une nourriture trop substantielle, surtout pendant les premiers jours; il est bon aussi de la traire, lorsque le lait paraît la gêner; du reste, le sevrage doit toujours se faire graduellement.

Lorsque le poulain n'est pas élevé dans les prairies,

il est indispensable, pour développer ses membres, de le faire sortir tous les jours dans les cours de la ferme, ou mieux encore dans un petit enclos. Il est bon aussi, afin de le rendre plus facile à dresser au travail, de l'apprivoiser autant que possible, et de lui frapper doucement sous les pieds. On doit étriller et brosser avec soin les jeunes chevaux et les tenir dans une écurie bien aérée, car les gaz qui sortent des fumiers accumulés dans les écuries exercent une influence dangereuse sur leurs yeux et sur leur santé en général.

Vers dix-huit mois ou deux ans, une partie du foin peut être remplacée par un peu d'avoine concassée. On a remarqué que les jeunes chevaux qui mangent des aliments très-durs et très-fibreux à l'époque de la dentition sont exposés à devenir borgnes ou aveugles.

5. — Le cheval a douze dents incisives (1), six à la mâchoire supérieure et six à la mâchoire inférieure. C'est au changement de ces dents qu'on reconnaît son âge. Les deux dents de devant ou pinces tombent, et sont remplacées à la troisième année; à la quatrième, les dents les plus voisines ou mitoyennes; enfin, à la cinquième, les coins. Toutes les dents présentent une cavité noire, que les maquignons cherchent quelquefois à refaire lorsque le cheval vieillit. Cette fraude est très-facile à découvrir, car ils ne peuvent donner aux dents la forme qu'elles avaient dans leur jeunesse, ni rétablir le petit bord blanc formé par l'émail interne (fig. 39).

_______________

1. Dents tranchantes placées sur le devant des mâchoires.

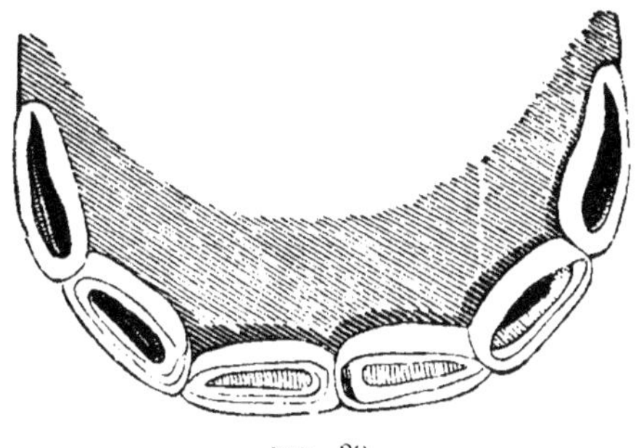

FIG. 39.

Ces trois paires de dents perdent leurs cavités dans le même ordre où elles sont venues. Lorsque le cheval vieillit, les dents paraissent plus longues ; elles s'arrondissent et les deux mâchoires se réunissent sous un angle plus aigu, comme le font voir les mâchoires cijointes : fig. 40, jeune cheval ; fig. 41, cheval plus âgé.

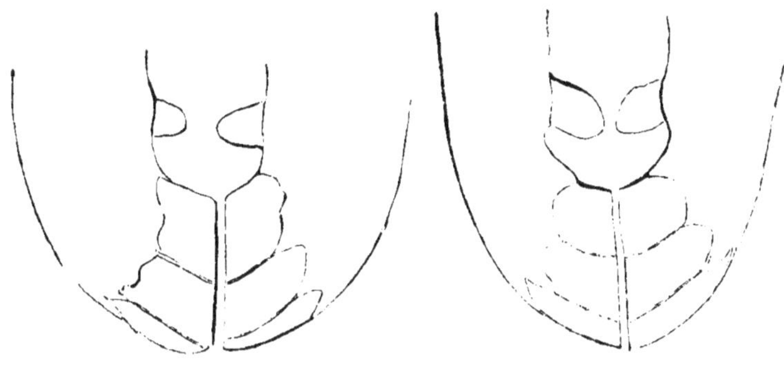

FIG. 40.　　　　　FIG. 41.

La durée des chevaux est de quinze ans ; quelques-uns vivent vingt et vingt-cinq ans, et même beaucoup plus quand ils sont bien traités.

Les écuries doivent être sèches, bien aérées, spacieuses, et ces animaux exigent encore plus que tous les autres des soins de propreté, sans lesquels ils sont souvent exposés à un grand nombre de maladies.

4. — La nourriture ordinaire des chevaux consiste en foin et avoine. Un cheval de taille ordinaire s'entretient fort bien avec une ration de 8 litres d'avoine, 10 kilogrammes de foin et 5 kilogrammes de paille. On peut, s'il travaille beaucoup, diminuer la ration de foin d'un quart et augmenter celle d'avoine de 2 à 4 litres. En général, l'avoine est la meilleure nourriture pour les chevaux qui fatiguent, parce qu'elle contient une grande quantité de matières nutritives sous un petit volume. Elle doit être soigneusement criblée, pour la débarrasser de la poussière et des pierres.

L'avoine passe souvent dans l'estomac des chevaux sans être digérée. Aussi voyez-vous des grains d'avoine dans le crottin des chevaux, surtout des vieux, qui ne mâchent pas aussi bien que les jeunes. On peut éviter cette perte en la broyant grossièrement avec les meules que nous employons pour moudre le blé-noir, ou mieux encore avec des cylindres.

Avec d'autres grains qui contiennent plus de parties nutritives que l'avoine, tels que le seigle et l'orge concassés, on mêle de la paille hachée très-menue, pour remplacer dans l'estomac la coque de l'avoine, c'est-à-dire pour diviser une nourriture trop glutineuse et aussi afin que les aliments n'arrivent pas dans l'estomac sans avoir été mâchés et sans être imprégnés de salive.

On emploie maintenant, pour préparer l'avoine et les autres grains destinés à la nourriture des chevaux, des machines qui *aplatissent* les grains au lieu de les concasser ou de les réduire en farine (fig. 42).

Ce système est le meilleur, parce que les chevaux sont encore forcés de mâcher, et ainsi aucun grain ne peut échapper à la digestion.

Le seigle et la farine de pois, de fèves, de vesces, peuvent être donnés aux chevaux en quantité moitié moindre que l'avoine. Il faut aussi les diviser au moyen de paille hachée.

Tous les grains que l'on donne aux chevaux, et surtout l'avoine, ne doivent pas être échauffés. Souvent les avoines avariées occasionnent des maladies qui sont mortelles.

Le foin récolté dans les prairies fertiles et bien engraissées est plus profitable que celui qui a été récolté dans des prairies maigres et arides; celui des prairies trop humides, et qui est composé en partie de plantes aquatiques, est tout-à-fait nuisible.

Le foin des prairies artificielles, tels que les trèfles, luzernes, sainfoin et vesces, qui ont été fanés avec soin, est plus nutritif que celui des prairies naturelles. C'est pourquoi, lorsqu'on nourrit les chevaux avec ces fourrages, il est bon de diminuer un peu la ration de grain, parce qu'on les exposerait aux indigestions. Le vieux foin convient mieux que le nouveau (1).

5. — La nourriture d'été, au vert coupé et donné à l'écurie, est très-économique, et les chevaux s'y entretiennent en parfaite santé.

On peut retrancher une partie de l'avoine, lorsqu'on nourrit au vert. Il faut prendre beaucoup de précautions pour faire passer les chevaux de la nourriture d'hiver à la nourriture verte : on ne doit agir que graduellement. La méthode que nous employons nous a parfaitement réussi, et, quoique nous donnions le trèfle à discrétion à nos chevaux, aucun accident ne leur est encore survenu et ils se sont toujours mieux portés qu'avec la nourriture d'hiver. Cependant leurs travaux sont plus pénibles dans cette saison. Huit ou dix jours avant de mettre les chevaux au trèfle, ce que nous ne faisons que lorsque les

____

(1) On ne doit faire consommer le foin que trois mois après la récolte, surtout s'il n'a pas fermenté en tas.

tiges de cette plante commencent à être un peu dures, nous donnons du seigle fauché en vert, que nous mélangeons, dans les premiers jours, avec du foin sec.

Cette nourriture, beaucoup moins substantielle que le trèfle, relâche un peu les chevaux, prépare leur estomac à des aliments plus riches, et les empêche de se jeter avec trop d'avidité sur les autres fourrages, qui leur donneraient bien plus facilement des indigestions.

Les chevaux dont on veut tirer un travail constant et fort ne peuvent pas être nourris au pâturage seulement; il leur faut nécessairement une ration de grain. Les carottes peuvent cependant remplacer l'avoine, ou du moins en remplacer une partie. Ceux qui en mangent s'entretiennent en bonne santé et conservent leur vigueur.

Les chevaux poussifs ne doivent pas manger de foin sec. Il faut les nourrir au vert en été, et en hiver avec des carottes ou des pommes de terre et de la paille. On ajoute à ces aliments huit à dix litres d'avoine aplatie et quelques litres de son ou de farine d'orge.

On donne la nourriture aux chevaux à plusieurs fois, et surtout avec régularité. Il faut veiller à ce qu'ils ne soient abreuvés ou passés à l'eau que lorsqu'ils n'ont plus chaud.

Le pansement de la main est une des parties les plus essentielles à l'entretien de ces animaux : on doit donc exiger qu'ils soient étrillés et brossés tous les jours. Il est aussi très-avantageux pour leur santé de ne pas les soumettre à un exercice très-violent aussitôt après leur repas.

Un cheval bien nourri peut travailler huit à neuf heures par jour, mais il est toujours nécessaire de bien régler les heures de travail. Les attelages sont tellement coûteux qu'un bon cultivateur ne doit jamais les laisser dans l'inaction. L'entretien des chemins et le transport des terres et engrais peuvent les utiliser très-avantageusement pendant la mauvaise saison. La prudence prescrit aussi de ne confier la conduite des chevaux qu'à un homme soigneux et bien éprouvé.

# QUATRIÈME PARTIE.

## ASSOLEMENTS ET ÉCONOMIE.

## TREIZIÈME LEÇON.

### Assolements.

1. — Nous sommes arrivés à cette branche de l'agriculture qui embrasse presque toutes les autres, ou du moins qui a la plus grande influence sur le succès de toute exploitation agricole.

« L'assolement est, comme l'a dit M. Thouin, l'art
» de faire alterner les cultures sur le même sol, pour
» en tirer constamment le plus grand produit aux
» moindres frais possibles. »

*Théorie des Assolements.*

2. — 1° Toutes les plantes qu'on laisse mûrir sur le sol sont épuisantes, parce que leurs feuilles, à l'époque de la formation des graines, commençant à se dessécher, n'absorbent plus dans l'atmosphère une partie de

leur nourriture : les racines doivent seules pourvoir à la formation de ces graines, qui exigent plus de principes nutritifs que toutes les autres parties de la plante. D'un autre côté, ces plantes permettant aux mauvaises herbes de grainer et de se resemer, sont dites salissantes.

2° Les fourrages dont les feuilles en pleine végétation puisent dans l'atmosphère une grande partie des sucs propres à leur nutrition sont regardés comme peu épuisants, et même comme améliorant la terre par leurs débris, les feuilles tombées sur le sol et leurs racines nombreuses qui s'y décomposent. Ces plantes ne permettent pas aux mauvaises herbes d'acquérir tout leur développement, parce qu'elles les étouffent, et si par hasard elles se développent, elles sont détruites par la faux.

3° Les racines et autres plantes sarclées qui exigent des engrais en abondance améliorent le sol, parce qu'elles ne consomment pas tout le fumier appliqué à leur culture, et qu'ensuite les binages et sarclages répétés détruisent les mauvaises herbes dont les graines sont contenues dans la terre, ou qui y ont été apportées par des causes accidentelles.

4° De savants agriculteurs ont aussi cru reconnaître que les plantes laissent dans le sol des excrétions qui ne conviennent pas aux plantes de même espèce et quelquefois de même famille (1). Ces matières, rejetées par

_______

(1) Voir l'*Herbier agricole*.

les racines des plantes, comme les excréments par les animaux, conviennent quelquefois à la végétation des individus d'une autre famille : ainsi le froment réussit bien après le trèfle, et après un froment, un autre froment ne donne pas une bonne récolte. Il est donc assez évident, d'après cela, que les excrétions laissées dans le sol par le froment sont nuisibles à une autre céréale; tandis qu'elles ne nuisent pas à la végétation du trèfle, et même peuvent servir à sa nutrition. Cette théorie nous explique clairement un phénomène dont nos agriculteurs parlent, sans se douter des causes qui le déterminent : c'est la lassitude du sol. La terre peut être fatiguée ou épuisée.

La terre est épuisée lorsque plusieurs récoltes d'espèces différentes ont absorbé presque toutes les matières nutritives qui s'y trouvaient.

Elle est lasse ou fatiguée lorsque plusieurs plantes de même espèce ou de même famille ont laissé dans le sol des excrétions qui ne peuvent plus convenir qu'à d'autres récoltes.

D'après ce qu'on vient de dire, pour établir un assolement qui maintienne le sol dans un état de fertilité et de propreté convenables, tout en en tirant un bon produit, il faut faire suivre et précéder les récoltes épuisantes et salissantes par des récoltes améliorantes et nettoyantes, et aussi éviter autant que possible de cultiver successivement des plantes de même famille ou de même espèce. Quelques plantes font exception à cette dernière règle, et d'autres, au contraire, ne peuvent revenir sur le même terrain qu'après un temps assez long (1).

5. — Ces données nous amèneront tout naturellement à commencer notre assolement par les récoltes qui doivent nettoyer le sol, l'ameublir, et qui, exigeant une grande quantité d'engrais, le préparent à la culture des plantes plus épuisantes. Nous cultiverons donc des plantes sarclées, après celles-ci des céréales, ensuite des fourrages suivis eux-mêmes d'une céréale. Par ce moyen, nous ferons alterner nos récoltes de différentes espèces sur le même terrain : c'est ce qui constitue l'assolement alterne (2).

Ces assolements peuvent varier à l'infini; mais les cultures doivent être en rapport avec le climat, le sol, les besoins du cultivateur et le commerce du pays. Il serait, en effet, dangereux et même ridicule de semer une plante qui ne peut réussir sur la terre que l'on cultive, ou dans le climat que l'on habite, ou enfin que l'on ne pourrait pas vendre.

L'assolement doit être établi de manière à ce que le cultivateur puisse suivre une marche régulière dans la succession de ses récoltes. Cependant, il faut qu'au besoin il puisse substituer une plante à une autre, sans nuire à l'ordre adopté pour son assolement.

(1) Le chanvre revient bien plusieurs années de suite sur le même terrain.

Il faut plusieurs années d'intervalle pour cultiver du lin sur un sol qui en a déjà porté.

(2) Assolement alterne, où la même culture ne vient pas deux fois de suite.

Le petit tableau ci-joint pourra nous donner une idée bien claire d'une rotation.

*4. — Assolement de 4 ans.*

| DIVISION ou sole. | 1856. | 1857. | 1858. | 1859. |
|---|---|---|---|---|
| N° 1. | Plantes sarclées fumées. | Céréales. | Trèfle. | Céréales. |
| N° 2. | Céréales. | Trèfle. | Céréales. | Plantes sarclées. |
| N° 3. | Trèfle. | Céréales. | Plantes sarclées. | Céréales. |
| N° 4. | Céréales. | Plantes sarclées. | Céréales. | Trèfle. |

Ainsi, la pièce ou sole, ou division n° 1er, produira successivement des plantes sarclées fumées, une céréale, du trèfle et une deuxième céréale.

Les autres soles ou divisions suivront la même marche.

Il est avantageux, comme nous l'avons indiqué, d'appliquer tout le fumier aux plantes sarclées. Cependant, dans le commencement d'une exploitation, il est prudent aussi de le distribuer sur les autres récoltes, de manière à assurer leurs produits. En marchant ainsi avec prudence, on n'a pas autant à craindre les mauvaises récoltes, qui sont si désastreuses dans les premières années d'une entreprise.

Vous avez vu des agriculteurs qui, voulant changer leur culture dans une année, appliquaient tous leurs engrais aux plantes sarclées et faisaient les autres récoltes sans fumer. Cette méthode serait bonne sur un sol riche; mais comme, la plupart du temps, les cultivateurs dont nous parlons travaillent sur des terres épuisées, leurs récoltes les plus importantes manquent, et tout le système est renversé par leur imprudence. Il faut donc, pour suivre bien rigoureusement les principes que nous venons de donner, préparer le sol graduellement à un système de culture plus perfectionné et plus productif, et ne tenter les semailles de froment sans engrais que sur une terre amendée et préparée par une bonne culture.

Lorsqu'on peut se procurer des engrais à prix d'argent, l'assolement est plus facile à établir; mais ces circonstances se rencontrent rarement.

5. — Il çst difficile de trouver, dans la culture habituelle de notre pays, quelque chose qui ressemble à un assolement raisonné, car on n'y admet aucune règle : on cultive souvent un champ d'une ferme deux ou trois années de suite en céréales, parce que ce champ a produit une belle récolte de froment. Cependant l'ordre suivant est ce qu'il y a de plus généralement adopté :

Première année, sarrasin;

Deuxième année, froment d'hiver;

Troisième année, avoine ou orge.

Le trèfle n'entre point régulièrement dans cette succession de récoltes, pas plus que les plantes sarclées.

Cet assolement triennal est vicieux. On voit, en effet, que si l'on recommence de trois ans en trois ans la culture du blé-noir, suivie de celle du froment, et puis d'orge ou d'avoine, l'une de ces deux dernières plantes, succédant immédiatement au froment, permet aux mauvaises herbes de se reproduire. Quelquefois même, le mal va plus loin; car certains cultivateurs font un froment après l'avoine, qui a été elle-même précédée d'un froment. Cette suite de culture se soutient encore auprès des villes, où les engrais sont abondants; mais, dans les campagnes, on est forcé d'abandonner à un repos complet la terre qui a été ainsi épuisée par les récoltes de céréales, et où les mauvaises graines de toute espèce ont été enfouies en quantité énorme.

L'assolement quadriennal est la base des bons assolements alternes, c'est-à-dire de ceux dont les récoltes sont convenablement variées. Par exemple, en mettant, comme nous l'avons dit :

Première année, plantes sarclées;

Deuxième année, céréales de printemps et trèfle;

Troisième année, trèfle;

Quatrième année, froment d'hiver,

on aura un bon assolement :

1º Parce que les céréales ne se suivent jamais immédiatement;

2º Parce que les labours donnés aux plantes sarclées (première année) détruisent les mauvaises herbes et ameublissent le sol, et que si les céréales de printemps (deuxième année) permettent à ces herbes de se reproduire, le trèfle (troisième année) vient empêcher leur développement.

Lorsqu'on divise une exploitation en un grand nombre de parties ou soles, on a moins de terre à fumer chaque année. Par exemple, dans un assolement de six ans, en fumant bien les plantes sarclées (vingt charretées ou 40,000 kilogrammes environ par hectare (1), et ensuite en mettant une demi-fumure à la cinquième année, on assurera toutes les récoltes. Outre cela, lorsque l'assolement est long, on n'est pas forcé de faire une grande étendue de terre en même espèce de culture, et l'on a plus de facilité pour consacrer deux divisions aux récoltes qu'on regarde comme les plus avantageuses.

Notre assolement de six années, que vous avez étudié théoriquement, et dont vous avez vu les résultats pratiques, peut être modifié avec une grande facilité, toujours en conservant l'ordre de la rotation, chose essentielle à l'amélioration de toutes les parties de la culture.

*Première année.*

6. — Betteraves, pommes de terre, sarrasin ou toute autre plante peu épuisante et nettoyante, telle qu'un fourrage ou même une jachère (2), si l'on se trouvait

---

(1) Nous avons souvent dépassé 100,000 kilogrammes.

(2) On nomme terre en jachère celle qui est labourée deux ou trois fois pendant l'année, sans rien produire.

La terre qui reste sans être labourée est dite en friche ou en repos.

dans l'impossibilité de consacrer une division entière à l'une de ces cultures. (Le tout fortement fumé.)

*Deuxième année.*

Orge, avoine ou froment de printemps, ou même froment d'hiver avec graine de trèfle. (Sans engrais.)

*Troisième année.*

Trèfle, vesces ou tout autre fourrage. (Sans engrais.)

*Quatrième année.*

Froment ou seigle. (Sans engrais.)

*Cinquième année.*

Colza avec demi-fumure.

*Sixième année.*

Froment d'hiver. (Sans engrais.)

Les assolements avec pâturage pourraient remplacer avantageusement la culture avec repos ou friche, suivie dans presque toutes nos fermes. Ils conviendraient surtout dans les exploitations très-étendues et suffisamment pourvues de bétail. Si donc nous divisons notre terre en 6, 7, 8 ou même 10 parties, nous commencerons comme pour un assolement de 4 ans, et après le froment ou seigle de la 4e année, nous sèmerons du ray-grass ou du trèfle, que nous laisserons durer 2, 3, 4, 5 ou 6 ans. Il en résultera deux avantages : l'étendue de la terre à fumer sera diminuée et le pâturage sera plus abondant que dans les champs épuisés d'après la pratique ordinaire.

## EXEMPLES D'ASSOLEMENTS ALTERNES.

### De 4 ans.

1re ANNÉE, pommes de terre ou betteraves fumées. — 2e ANNÉE, orge ou avoine et trèfle. — 3e ANNÉE, trèfle. — 4e ANNÉE, froment ou seigle.

### De 5 ans.

Les quatre premières années comme dans l'assolement de quatre ans; 5e année, fourrage avec demi-fumure.

### De 6 ans.

Les 5 premières années comme dans l'assolement de 5 ans; 6e année, céréales.

### De 7 ans.

Les 6 premières années comme dans l'assolement précédent; 7e année, fourrage ou récolte sarclée.

### Assolement avec pâturage.

1re année, plantes sarclées, ou sarrasin, ou fourrage annuel, ou jachère.

2e année, céréale et trèfle.

3e année, trèfle ou autre fourrage.

4e année, céréale avec graine de ray-grass, ou trèfle blanc, ou lupuline, etc.

5e, 6e, 7e années, pâturage.

Dans les assolements alternes dont nous avons parlé :

1° les récoltes épuisantes et améliorantes ont été alternées de manière à entretenir le sol en bon état ;

2° Les plantes sarclées sont assez souvent revenues pour nettoyer le sol des mauvaises herbes ;

3° Le fumier a été appliqué sur les récoltes sarclées ou sur les fourrages, parce que les sarclages et les binages des plantes sarclées et l'action étouffante des fourrages détruisent les mauvaises herbes dont les graines se trouvent dans les fumiers, ou dont ils favorisent le développement.

4° Enfin, les plantes de même espèce ou de même famille n'ont pas été cultivées sans intervalle, sur le même sol, pendant plusieurs années.

Ces principes, que nous avons déjà énoncés, doivent servir de base à tout bon système de culture.

### Jachère.

Comme l'a dit *Thaër :* « Mettre un champ en jachère
» signifie préparer un terrain pour la récolte suivante,
» par des labours réitérés et faits dans le courant de
» l'été, sans en exiger de produits durant cette année.
» Un champ ne peut donc être appelé en jachère que
» lorsqu'il a reçu le premier labour, lorsqu'il a été ja-
» chéré ; jusque-là, il s'appelle champ en repos. Lors-
» qu'il est consacré au pâturage du bétail, on distingue
» ce pacage sous le nom de pâturage sur un champ en
» repos. »

Cette définition, simple et précise, a souvent été méconnue dans les ouvrages d'agriculture, et on a donné le nom de jachères aux terres en friche. Il en est résulté une grande confusion.

La jachère, blâmée outre mesure par beaucoup de cultivateurs, et préconisée avec la même persévérance par d'autres agriculteurs, a bien quelques avantages incontestables; mais elle ne peut faire la base d'un système de culture économique.

La jachère est un des meilleurs moyens de purger complétement la terre des mauvaises herbes, surtout de celles qui se reproduisent par leurs racines, et, d'un autre côté, la préparation qu'elle donne est une des meilleures pour les céréales; mais elle est trop dispendieuse, et elle peut être remplacée avantageusement par la culture de certaines plantes.

La culture alterne offre, comme nous l'avons démontré en parlant des assolements, un très-bon moyen de concilier les intérêts du cultivateur et la bonne préparation du sol.

Les plantes sarclées et les prairies artificielles doivent, dans une bonne culture, remplacer la jachère; elles offrent une partie des avantages de celle-ci et sont plus productives. Ainsi, pour la destruction des mauvaises herbes et l'ameublissement du sol, les plantes sarclées, par les binages et par les sarclages qu'elles exigent, laissent le sol meuble et propre, et les fourrages artificiels étouffent toutes les mauvaises herbes qui se trouvent à sa surface. En outre, les produits de ces cultures compensent amplement les labours et les fumiers, dont les récoltes suivantes profitent en grande partie.

Les plantes sarclées et les fourrages peuvent donc être regardés comme des récoltes jachères, et leurs produits sont souvent pour le cultivateur le bénéfice le plus clair.

Dans beaucoup de départements (Indre-et-Loire, la Sarthe, Maine-et-Loire, etc.), un tiers des terres est abandonné à la jachère, comme préparation pour le froment. Quelle immense quantité de produits n'obtiendrait-on pas si, au lieu de ces jachères, on cultivait des racines et des fourrages qui, en doublant les engrais, doubleraient aussi la fortune du cultivateur ! Ces pays auraient une grande facilité à remplacer la jachère par des fourrages artificiels ; car leur sol calcaire est très-propre à la production de la luzerne, de la lupuline ou *minette dorée*, du sainfoin, des vesces, des trèfles, etc., etc.

Dans une partie de la Bretagne, le sarrasin remplace la jachère ; il est peu épuisant, et il forme une bonne préparation pour le froment ; mais cette plante, qui pourrait être d'un grand secours dans un bon assolement, devient un moyen de plus d'épuisement entre les mains du cultivateur qui ne raisonne pas.

En résumé, la jachère ne peut être utile que dans un très-petit nombre de circonstances ; par exemple, lorsque la terre est d'une malpropreté excessive, et encore la plupart du temps les plantes sarclées suffisent.

# QUATORZIÈME LEÇON.

## Économie.

1. — Toute richesse vient du travail, et le travail est aussi la source de tout bien-être ; sans travail, point de succès : c'est la loi de la nature.

Le cultivateur, plus que tout autre, doit le reconnaître et faire son principal devoir de l'appliquer en toutes circonstances. Il ne suffit pas qu'il prodigue son travail personnel ; il faut qu'il sache utiliser celui des autres et employer avec intelligence la force des animaux et tous les agents dont il peut disposer : encore tous ses soins ne réussiront-ils pas, s'il ne possède un capital proportionné à son exploitation.

2. — On entend par capital tout ce que possède le cultivateur : argent, bestiaux, engrais, instruments, etc. Son travail personnel et celui de sa famille forment aussi un capital qui, bien employé avec persévérance, procure peu à peu des ressources plus étendues et finit par créer des capitaux ordinaires.

3. — Le capital d'une ferme se divise, suivant son emploi, en *capital du fonds*, qui représente la valeur de la terre, *capital de cheptel*, ou mobilier entier, tel qu'instruments, animaux, ustensiles, etc., et *capital en*

*circulation*, ou partie du capital réservé pour les dépenses courantes et le commerce.

Cette partie du capital peut courir des risques, mais aussi elle produit souvent des intérêts très-élevés; en général, en réservant une bonne partie de son capital pour cet usage, on a plus de chances de succès que lorsque l'on consacre trop au *cheptel*, surtout à l'achat des instruments, qui diminuent toujours de valeur. Il faut donc se borner à ceux dont on ne peut raisonnablement se passer et qui sont d'un usage éprouvé. Ce serait, toutefois, comprendre mal ses intérêts que de ne pas se donner des instruments qui économisent le travail et le font mieux. Pour arriver à une connaissance exacte de l'emploi des capitaux, ainsi que du travail, qui, comme nous l'avons dit, est une portion du capital, il est indispensable d'établir une comptabilité régulière, c'est-à-dire des *livres*, au moyen desquels on tient compte de tout ce que l'on reçoit, de tout ce que l'on dépense, et même de tout ce que l'on fait.

4. — Vous avez vu, dans nos leçons sur la comptabilité, combien celle qu'on nomme *en partie double* s'applique avec succès aux entreprises agricoles.

L'exposé complet de cette méthode serait trop long et trop compliqué pour faire partie de ces entretiens élémentaires sur l'agriculture, et exigerait un traité spécial. Cependant, afin de vous donner l'idée de son mécanisme, nous allons dresser quelques comptes très-simples, de manière à ce que vous puissiez les embrasser d'un coup-d'œil.

Pour cette comptabilité, nous n'emploierons qu'un seul registre, que nous nommerons *grand-livre;* ce livre sera divisé en plusieurs comptes particuliers : par exemple, il y aura un compte pour le froment, c'est-à-dire deux pages en regard, destinées à cet article. On y inscrira, sur celle à gauche, tout ce qui a été donné au froment. tels que les engrais, les labours, le battage, etc. On écrira ensuite sur la page à droite tout ce qui aura été fourni par le froment, tels que le grain, la paille, etc. Il y aura un compte semblable pour les vaches, les chevaux, le ménage, et enfin pour toutes les opérations dont on voudrait connaître le résultat exact.

Tous les articles seront pris à la fin du mois sur des tableaux disposés de manière à n'exiger de la part du cultivateur que quelques chiffres, placés chaque soir dans les colonnes de ces tableaux (*voy. les tableaux* n^os **2**, **3**, 4. 5, 6 et 7 (1). Au moyen de ces tableaux, on n'écrira que douze fois par an sur le registre que nous avons appelé *grand-livre*.

Les articles qui ne se présentent que rarement seront inscrits en forme de notes sur un cahier ou *main-courante*, où ils seront groupés encore à la fin de chaque mois, de manière à n'inscrire qu'un article sur chaque

(1) Ces tableaux peuvent varier de formes et être augmentés, suivant les cultures et le genre de spéculation que l'on entreprend.

compte. Il en sera de même pour le mouvement des
fonds; c'est-à-dire qu'on aura un cahier sur lequel on
inscrira, jour par jour, les recettes et les dépenses, et,
à la fin du mois, on rassemblera les articles de même
espèce pour les reporter au grand-livre. En inscrivant
avec exactitude, sur ce compte, toutes les recettes sur
la page à gauche, et toutes les dépenses sur celle à
droite, il sera facile de reconnaître l'emploi des fonds.
On pourra aussi voir, à la fin de chaque mois, en
faisant l'addition des deux pages et retranchant la dépense de la recette, si tout aura bien été inscrit. Dans
ce cas, la différence des deux additions sera exactement
égale à l'argent restant en caisse. Ces tableaux et les
cahiers de notes nous donneront au besoin tous les détails que nous pourrons désirer.

La première opération à faire lorsqu'on veut tenir des
livres exactement doit être l'inventaire général, c'est-
à-dire l'estimation de tous les objets que l'on possède.
On porte ensuite sur chaque compte, à la page à gauche
du grand-livre, la valeur réelle des objets qui doivent
figurer dans ce compte; ainsi, pour les vaches, les instruments, les fourrages, etc., ce qu'ils valent à l'époque
de l'inventaire.

A la fin de l'année, quand on aura porté exactement
au compte de chaque objet, d'une part, à gauche, les
dépenses faites pour chacun de ces objets, et de l'autre,
à droite, les recettes provenant des produits, on fera
séparément l'addition de toutes les pages du grand-livre,
et, après avoir fait un nouvel inventaire, on ajoutera

sur chaque compte , à droite , la valeur des objets existant encore dans la ferme. Ainsi on pourra savoir, au moyen d'une soustraction , combien chaque culture ou chaque spéculation aura donné de bénéfices ou de pertes. Si les deux sommes sont égales , il n'y aura ni bénéfices ni pertes; si la somme de droite est plus forte, il y aura bénéfice de la différence; si c'est celle de gauche qui est la plus forte, il y aura perte.

On fera de même pour chaque compte.

Enfin , toutes les pertes seront inscrites sur la page gauche d'un compte intitulé *pertes et bénéfices*, et tous les bénéfices sur la page à droite. Ce compte, additionné comme les précédents, donnera une différence qui devra être égale à celle existant entre le premier et le deuxième inventaire.

D'après ce que l'on vient de voir, le compte que nous nommons inventaire ou capital est le point d'où partent tous les articles et où ils viennent se réunir à la fin de l'année. La somme du premier inventaire est portée à droite de ce compte, et de là distribuée sur tous les comptes à la page gauche; et, comme nous l'avons dit, le deuxième inventaire de fin d'année sera inscrit sur la page à gauche du compte d'inventaire, après l'avoir été en détail sur celle à droite de chaque compte.

L'augmentation ou la diminution de ce capital ou inventaire sera nécessairement la somme des bénéfices ou des pertes faites pendant l'année.

Dans la comptabilité en partie double, tous les articles se trouvent inscrits sur deux comptes. Ainsi, pour s'assurer s'ils ont été reportés d'un compte sur l'autre , il ne s'agira que de faire l'addition de toutes les pages à gauche du grand-livre, d'une part ; d'en faire autant des pages à droite, et de comparer ces deux additions, qui devront être exactement semblables.

Cette comptabilité est fondée sur ce principe, que *nul ne reçoit que ce qu'un autre donne*. Ainsi, le compte de fourrages en magasin reçoit le foin des prairies pour sa valeur, et il le revend aux chevaux, qui vendent leur travail aux différentes cultures ; de même , les vaches reçoivent du fourrage qui vient du compte de fourrages en magasin, et elles fournissent du lait dont l'argent est reçu par le compte de recettes et dépenses ou de caisse. Tous les comptes sont donc comme des commerçants qui achètent les uns des autres , ou qui se fournissent tous les objets dont ils ont besoin.

# GRAND-LIVRE.

---

TABLEAU N⁰ 1.

# COMPTE

## d'Inventaire ou de Capital.

| DATES. | | | DATES. | | |
|---|---|---|---|---|---|
| | 2° Inventaire de fin d'année. | | | 1er Inventaire du commencement de l'année. | |
| | P. Argent restant en caisse.......... | 1,588 | | A. Argent.......... | 1,500 |
| | Q. Valeur des vaches | 100 | | Z. Bénéfice net..... | 188 |
| | | 1,688 | | | 1,688 |

L'inventaire de fin d'année étant plus considérable que le premier, la différence est le bénéfice net ; c'est aussi la différence qui existe entre les pertes et les bénéfices.

# COMPTE
## de Recettes et Dépenses ou de Caisse.

| DATES. | RECETTES. | | DATES. | DÉPENSES. | |
|---|---|---|---|---|---|
| | A. Capital en argent. | 1,500 | | D. Deux vaches ache | |
| | B. Un veau vendu.. | 10 | | tées à la foire de | |
| | C. 1000 kilog. de foin | 40 | | Rennes.......... | 150 |
| | J. 25 hectos de fro- | | | E. Fumier pour le | |
| | ment........... | 500 | | froment......... | 32 |
| | L. Lait du mois vendu | 50 | | F. Engrais pour les | |
| | | ——— | | prairies......... | 20 |
| | | 2,100 | | G. Payé pour les la- | |
| | | | | bours et semences | |
| | | | | de froment...... | 200 |
| | | | | H. Frais de moisson | |
| | | | | du froment...... | 100 |
| | | | | K. Payé pour faucher | |
| | | | | le foin.......... | 10 |
| | | | | | ——— |
| | | | | | 512 |
| | | | | P. Il reste encore en | |
| | | | | caisse........... | 1,588 |
| | | | | | ——— |
| | | | | | 2,100 |

# COMPTE
## des Vaches.

| DATES. | | | DATES. | | |
|---|---|---|---|---|---|
| | D. Acheté deux va-ches à Rennes.... | 150 | | B. Un veau vendu au boucher......... | 10 |
| | M. 2000 kilos de paille de froment....... | 80 | | L. Lait du mois vendu | 50 |
| | | 230 | | | 60 |
| | | | | Q. Valeur des vaches | 100 |
| | | | | La valeur des va-ches et leurs pro-duits, à l'époque de l'inventaire de fin d'année, ne for-mant pas une som-me aussi forte que le capital consa-cré à leur achat et à leur nourriture, on a perdu sur ce compte la dif-férence, qui est T. de............. | 70 |
| | | | | | 230 |

# COMPTE
## du Froment.

| DATES. | | | DATES. | | |
|---|---|---|---|---|---|
| | E. Fumier acheté à la caserne . . . . . . . . | 32 | | J. 25 hectos de froment vendu . . . . . | 500 |
| | G. Labours et semences . . . . . . . . . . . | 200 | | M. Paille pour les vaches . . . . . . . . . | 80 |
| | H. Frais de moisson. | 100 | | | 580 |
| | | 332 | | | |
| | S. Différence ou bénéfice (1) . . . . . . . . | 248 | | | |
| | | 580 | | | |

(1) Cette différence doit être un bénéfice, puisque ce compte a plus donné qu'il n'a reçu.

## COMPTE
### des Prairies.

| DATES. | | | DATES. | | |
|---|---|---|---|---|---|
| | F. Engrais acheté... | 20 | | C. Foin récolté et | |
| | K. Pour faucher.... | 10 | | vendu, 1000 kilos. | 40 |
| | | 30 | | | 40 |
| | R. Différence ou bé- | | | | |
| | néfice.......... | 10 | | | |
| | | 40 | | | |

# COMPTE
## de Pertes et Bénéfices.

| DATES. | PERTES. | | DATES. | BÉNÉFICES. | |
|---|---|---|---|---|---|
| | T. Sur le compte de vaches......... | 70 | | R. Sur le compte de prairies........ | 10 |
| | | 70 | | S. Sur le compte de froment........ | 248 |
| | Z. La différence est de | 188 | | | 258 |
| | | 258 | | | |
| | C'est juste celle qui existe entre le premier et le deuxième inventaire. | | | | |

8 *

TABLEAU N° 2.

## TRAVAUX DES CHEVAUX

### pendant le Mois d

| DATES. | Pour LE FROMENT. — Nombre d'heures. | Pour LES PRAIRIES. — Nombre d'heures. | Pour LE MÉNAGE. — Nombre d'heures. | Pour LES CHEMINS. — Nombre d'heures. | | | | TOTAL DES HEURES de travail. |
|---|---|---|---|---|---|---|---|---|
| | | | | | | | | |

TABLEAU N° 3.

## TRAVAIL DES EMPLOYÉS

### pendant le Mois d

| DATES. | Pour LE JARDIN. — Nombre d'heures. | Pour LE FROMENT. — Nombre d'heures. | Pour LES PRAIRIES. — Nombre d'heures. | | | | | TOTAL DES HEURES de travail. |
|---|---|---|---|---|---|---|---|---|
| | | | | | | | | |

TABLEAU N° 4.

**CONSOMMATION**

des Chevaux.

| DATES. | FOIN. KILO. | PAILLE. KILO. | AVOINE. LITRES. | | | | | |
|---|---|---|---|---|---|---|---|---|
| | | | | | | | | |

TABLEAU N° 5.

## VACHES.

| | Consommation. | | | | Produits. | | |
|---|---|---|---|---|---|---|---|
| DATES. | FOIN. KILO. | PAILLE. KILO. | RACINES. KILO. | | LAIT. LITRES. | BEURRE. KILO. | VEAUX. |
| | | | | | | | |

TABLEAU N° 6.

## CONSOMMATION
### du Ménage.

| DATES. | Nombre D'INDIVIDUS nourris. | FROMENT. LITRES. | VIANDE. KILO. | LAIT. LITRES. | BEURRE. KILO. | CIDRE. LITRES. | | |
|---|---|---|---|---|---|---|---|---|
| | | | | | | | | |

## TABLEAU N° 7.

### MANOUVRIERS

#### ou Compte des Ouvriers autres que les Domestiques.

| DATES. | JOUETTE. — Nombre de journées. | LOUIS. — Nombre de journées. | MONCELET. — Nombre de journées. | PIERRE. — Nombre de journées. | | | | TOTAL des journées. |
|---|---|---|---|---|---|---|---|---|
| | | | | | | | | |

5. — Dans les comptes du grand-livre, les lettres font voir la correspondance des articles. L'article A a été donné par le compte d'inventaire et reçu par celui de caisse. Si, au lieu d'un capital en argent, nous eussions possédé des vaches, des chevaux, des instruments et de l'argent, tous ces articles, réunis sur la page à droite du compte d'inventaire, auraient été inscrits sur la page à gauche du compte de vaches, de chevaux, d'instruments et de recettes et dépenses.

B. Un veau donné par les vaches et reçu en argent par la caisse.

C. Foin produit par les prairies et reçu également en argent par la caisse.

D. Argent donné par la caisse pour acheter deux vaches inscrites sur ce dernier compte.

E. Argent fourni par la caisse pour acheter du fumier appliqué au froment.

F. Engrais acheté pour les prairies.

G. Argent pris dans la caisse pour payer la semence et les labours reçus par le froment (1).

H. Frais de moisson payés par la caisse et reçus par le froment.

J. Froment vendu et reçu en argent par la caisse.

K. Argent fourni par la caisse et reçu par les prairies dont il a payé le fauchage.

_______

(1) Si le cadre de ce travail nous eût permis d'étendre davantage notre comptabilité, nous eussions ouvert un compte aux chevaux et aux grains en magasin, et le froment eût reçu la semence de ce dernier compte, et les labours de celui des chevaux.

**L.** Lait fourni par les vaches et reçu en argent par la caisse.

**M.** Paille fournie par le froment et reçue par les vaches.

**P.** Argent restant en caisse, transporté sur la page à gauche du compte d'inventaire.

**Q.** Valeur des vaches, donnée par le compte des vaches et reçue par celui d'inventaire.

**R.** Bénéfices du compte des prairies.

**S.** Bénéfices du froment.

**T.** Pertes du compte des vaches.

**Z.** Différence des pertes et bénéfices, reportée au compte d'inventaire pour le solder.

Si ce dernier compte n'était pas soldé, c'est-à-dire si les deux additions des deux pages en regard n'étaient pas rendues semblables par cette différence, nous aurions mal inscrit nos articles, et il faudrait refaire les comptes pour retrouver l'erreur.

Ce peu de mots sur la comptabilité vous suffiront pour établir des registres simples, et qui cependant pourront vous faire voir sur quel objet vous aurez gagné, et vous avertir aussi à temps, si vos entreprises devenaient ruineuses.

La marche que nous venons de tracer est certainement bien simple; cependant, si elle paraissait encore d'une exécution difficile, le cultivateur devrait au moins tenir un livre de recettes et dépenses.

Je terminerai cet entretien en vous recommandant une grande activité, de l'ordre, une surveillance assidue et beaucoup d'exactitude en tout; qualités indispensables dans la bonne direction d'une ferme.

N'oubliez pas non plus qu'une conduite régulière, la loyauté, la bonne foi, la probité, et toutes les vertus qui sont le devoir d'un honnête homme, sont aussi la meilleure garantie des succès de vos travaux.

# ANNUAIRE AGRONOMIQUE [1].

## JANVIER.

Nettoyage des grains et des greniers.

Epierrements. — Les pierres seront déposées auprès des chemins qu'on voudra réparer, et étendues en temps sec. — Labours pour les semailles de printemps. — Transport de fumier sur les terres destinées aux plantes sarclées.

Fabrication de fécule.

Entretien des harnais (2).

Engraissement des cochons.

Confection des paniers pendant les longues soirées.

Battage des grains, lorsqu'on peut disposer d'une grange.

Entretien des sillons d'écoulement.

(1, Afin de se former un annuaire dans chaque localité, il est bon de tenir un cahier de notes sur lequel on inscrira tous les jours l'époque des semailles, des labours, des plantations, etc., ainsi que l'état de la végétation et de l'atmosphère.

2 On graisse le cuir des harnais, après l'avoir légèrement mouillé, avec un mélange de suif et d'huile de poisson.

Labours préparatoires pour les céréales de printemps.

    *Idem*        pour les plantes sarclées.

Défoncements.

Nivellements.

## FÉVRIER.

Emondage des arbres.

Entretien des haies et des fossés.

Semaille d'ognon qui sera transplanté en mai.

Plantation des choux-pommes et des choux branchus.

Semaille d'avoine et de froment de printemps.

Semaille de vesces.

Taille des arbres à fruits.

Semaille de petits pois.

Entretien des sillons d'écoulement.

Semaille de fèves.

Fumer les prairies et les arroser avec le jus des fumiers.

Entretenir les haies et les talus.

## MARS.

Semis de betteraves sur place et en pépinières.

Semaille d'avoine.

         de froment de printemps.

         de trèfle commun.

         de trèfle blanc.

         de lupuline.

         de sainfoin.

         de vesces.

Semaille des graines de prairies.

        de chicorée.

        de lin.

        de toute espèce de graines.

Greffes.

Commencement de la nourriture au vert avec les tiges de navets et de colza.

Labours pour les plantes sarclées.

Hersage des blés.

Plantation des arbres résineux.

Semis de choux branchus et de betteraves pour être replantés en mai.

## AVRIL.

Semaille de betteraves et de carottes en place.

        de choux et de choux-navets.

        d'orge.

        de vesces.

        de luzerne.

        de trèfle commun.

Plantation des pommes de terre.

Hersage des prairies naturelles.

Semis de toute espèce qui n'auraient pas été faits en mars.

Nourriture au seigle fauché vert.

## MAI.

Plantation des pommes de terre.

Dernières semailles de betteraves en place.

de sarrasin.

de haricots.

Plantation d'ognons.

Nourriture au trèfle.

Semaille de chanvre.

Transplantation des betteraves et des choux-navets.

Hersage des pommes de terre.

Semaille de maïs et de petits pois pour fourrage.

## JUIN.

Binage et sarclage des pommes de terre et des betteraves.

Semaille de blé-noir.

Fenaison des prairies naturelles et artificielles.

Semaille de navets.

Récolte de graine de trèfle incarnat.

Tonte des moutons.

Binage des pommes de terre.

Semaille de petits pois et maïs pour fourrage.

## JUILLET.

Récolte du colza.

Semaille de colza.

Récolte des graines de vesces.

Récolte de seigle.

Binages et sarclages des pommes de terre et des
betteraves.

Semaille de moutarde blanche pour fourrage.
Labours des terres qui ont porté du colza.

## AOUT.

Semaille de colza.

Préparation de la terre pour la plantation du colza.

Semaille de trèfle incarnat.

Labours pour les récoltes dérobées qui doivent succéder aux céréales et précéder les récoltes sarclées et le sarrasin.

Moisson des céréales.

Récolte du lin et du chanvre.

## SEPTEMBRE.

Semaille des récoltes-fourrages dérobées, tels que seigle, colza, navets, etc.

Récolte des pommes de terre précoces.

Plantation du colza.

Semaille du seigle.

*Id.* d'avoine blanche.

Récolte de graine de trèfle commun.

*Id.* du sarrasin.

Semaille de lin d'hiver.

## OCTOBRE.

Récoltes des betteraves et des pommes de terre.

Confection des silos.

Semaille de froment.

Semaille de vesces.
Récolte de pommes.
Plantation du colza.

## NOVEMBRE.

Fabrication du cidre.
Semaille de froment.
*Id.* de vesces.
Raies d'écoulement.
Plantation des arbres.
Labours préparatoires.

## DÉCEMBRE.

Labours préparatoires.
Plantation des arbres.
Entretien des rigoles et fossés.
Inventaire.

# Quantité de Nourriture par jour.

| NOMS des ANIMAUX. | AVOINE. — LITRES. | FOIN. — KILOGRAMMES. | PAILLE. — KILOGRAMMES. | RACINES. — KILOGRAMMES. | NOURRITURE D'ÉTÉ. |
|---|---|---|---|---|---|
| Pour un cheval...... | 6 à 12 | 7 à 8 | 5 à 6 | » | Du vert à discré-tion, environ 40 à 50 kilos. |
| un bœuf....... | » | 10 à 15 | 5 à 6 | 30 à 40 | Environ 60 à 75 kilos. |
| une vache... .. | » | 5 à 6 | 5 à 6 | 15 à 25 | Environ 40 à 50 kilos. |
| un mouton..... | » | 1 | 1 | 2 | » |
| un cochon ..... | Nourriture à dis-crétion. | » | » | » | » |

## Tableau indicatif de quelques données utiles aux Cultivateurs.
### SEMAILLES ET RÉCOLTES.

| NOMS DES PLANTES. | ÉPOQUE DE LA SEMAILLE. | QUANTITÉ DE SEMENCE par hectare. | PRODUIT PAR HECTARE. |
|---|---|---|---|
| Froment | Octobre, novembre, février, mars. | 2 à 2 1/2 hectolitres. | 12 à 30 hectolitres. |
| Seigle. | Septembre, octobre. | *Idem.* | 10 à 25 hectolitres. |
| Orge. | Mars, avril. | *Idem.* | 15 à 40 hectolitres. |
| Avoine. | Septembre, octobre, février, mars. | 2 à 3 hectolitres. | 15 à 35 hectolitres. |
| Sarrasin. | Mai, juin. | 1 hectolitre. | 20 à 30 hectolitres. |
| Pommes de terre. | Mars, avril, mai. | 20 à 25 hectolitres. | 200 à 300 hectolitres. |
| Betteraves. | *Idem.* | 8 à 12 kilogrammes. | 50,000 à 100,000 kilogrammes. |
| Carottes. | *Idem.* | *Idem.* | 15,600 à 30,000 kilogrammes. |
| Navets. | Juin, juillet, août. | 8 à 12 litres. | *Idem.* |
| Colza. | *Idem.* | *Idem.* | 15 à 35 hectolitres. |
| Lin. | Octobre, février, mars. | 4 à 4 1/2 hectolitres. | 5 à 10 hectolitres de graine, 200 à 500 kilogrammes de filasse. |
| Chanvre. | Mai. | 3 à 3 1/2 hectolitres. | 5 à 10 hectolitres de graine, 300 à 600 kilogrammes de filasse. |
| Trèfle commun. | Février, mars, avril, mai. | 25 à 35 kilogrammes. | 3,000 à 6,000 kilogrammes de fourrage sec. |
| Trèfle incarnat. | Août, septembre. | 30 à 40 kilogrammes. | 3,000 à 5,000 *idem.* |
| Luzerne. | Avril, mai. | 30 à 40 kilogrammes. | 6,000 à 8,000 *idem.* |
| Lupuline. | *Idem.* | *Idem.* | 3,000 à 5,000 *idem.* |
| Sainfoin. | Mars, avril, mai. | 5 à 6 hectolitres. | 3,000 à 6,000 *idem.* |
| Vesces. | Septembre, octobre, novembre, février, mars. | 3 hectolitres. | *Idem.* |
| Ray-grass. | Septembre, octobre, février, mars. | 60 à 75 kilogrammes. | *Idem.* |
| Chicorée sauvage. | Septembre, février, mars. | 20 à 25 kilogrammes. | On ne la fait consommer qu'en vert. |
| Ajonc. | Mars, avril. | 15 à 25 kilogrammes. | *Idem.* |

*Quantité d'engrais et d'amendements à employer par hectare pour obtenir une bonne fumure.*

Fumier d'étable.......      de 20 à 40 charretées de 2,000
                                    kilogrammes chacune.
Poudrette dite margane     100 à 150 hectolitres.
Noir animal. ........      6 à 8 hectolitres.
Cendres............ ....    20 à 30 hectolitres.
Chaux. ............        20 à 30 barriques (46 à 69 hect.)
Plâtre.............        3 à 4 hectolitres.
Guano .............        2 à 300 kilos.

*Poids de divers produits pour un hectolitre.*

| | | |
|---|---|---|
| Froment................... | 75 à 80 | kilogrammes. |
| Seigle................... | 66 à 72 | *idem.* |
| Orge ................... | 60 à 70 | *idem.* |
| Avoine................... | 40 à 60 | *idem.* |
| Sarrasin................... | 60 à 70 | *idem.* |
| Colza..... .... .. .... ... | *id.* | *idem.* |
| Pommes de terre.......... | *id.* | *idem.* |
| Chenevis. ............ | 50 à 55 | *idem.* |
| Lin................... | 65 à 66 | *idem.* |

*Rapport approximatif de quelques mesures locales avec les nouvelles mesures.*

L'hectare vaut à peu près 2 journaux de 80 cordes,
                    ou 1 jour et demi de 120 cordes,
                    ou 4 journées de fauche.

Le boisseau à blé-noir contient 34 litres environ.

*Idem* à froment contient 25 litres environ.

La somme de froment vaut un peu plus de 2 hectolitres.

*Idem* d'avoine vaut 2 hectolitres et demi environ.

# CULTURE DU JARDIN DE FERME.

Un jardin potager faisant partie indispensable de toute exploitation rurale, j'ai pensé que, même sans entrer dans des détails minutieux, je rendrais service aux cultivateurs en leur donnant les notions les plus simples du jardinage.

Nous nous occuperons donc seulement de la culture des légumes dont l'emploi est le plus général, et qui font en quelque sorte la base de la cuisine d'une ferme.

En étudiant les plantes potagères rangées par ordre de familles, nous eussions peut-être atteint notre but ; mais cette marche eût nécessité des recherches toujours difficiles pour un simple laboureur. En décrivant la culture du jardin potager pour chaque mois, nous présenterons au fermier une espèce de calendrier qui lui rappellera les travaux à exécuter dans chaque saison.

Les personnes qui désireront plus de détails devront avoir recours aux ouvrages traitant spécialement du jardinage.

Pour obtenir un résultat satisfaisant, il faut : 1° établir le jardin sur le meilleur terrain de la ferme; 2° en confier la direction à un homme actif et intelligent ; 3° faire alterner les légumes de différentes espèces ; 4° défoncer ; 5° enfin, ne point épargner le fumier.

## JANVIER.

L'hiver est la saison la plus convenable pour faire un jardin, parce que c'est à cette époque que les travaux de grande culture sont le moins nombreux.

Le terrain destiné à former le jardin potager doit être d'abord défoncé, puis partagé par des allées, en quatre ou six carrés, suivant sa grandeur ; et afin d'en faciliter le service, on donne assez de largeur à l'allée du milieu pour qu'un petit tombereau à bras puisse y passer. Les autres allées ne doivent pas avoir plus d'un mètre.

Les allées sont faciles à entretenir, lorsqu'elles ont été garnies d'une couche de 15 à 20 centimètres de gros sable ou gravier, que l'on n'y dépose qu'après avoir enlevé une épaisseur égale de terre, et l'avoir rejetée sur les carrés (1).

A l'époque des semailles et des plantations, les carrés seront encore divisés en planches de 1 mètre 50 centimètres environ, par de petits sentiers d'une largeur de 50 à 55 centimètres.

Cette disposition du jardin en carrés permet de régler facilement les fumures, et d'établir un assolement, comme on le fait en grande culture.

_______

(1) Le drainage est au moins aussi utile aux jardins qu'aux champs.

Le terrain doit être fortement fumé pour les plantes qui s'accommodent bien des fumiers frais, tels que les choux et les pommes de terre. Les carottes, les oignons, les haricots, les pois, etc., réussissent mieux sur les terres anciennement fumées. En étendant du grand fumier sur les carrés pendant l'hiver, on obtient une terre très-meuble et bien propre à recevoir les semailles de printemps.

Lorsque la terre n'est pas trop humide, on sème des petits pois en lignes espacées de 15 à 20 centimètres (1). On les place dans la ligne à une distance de 5 à 6 centimètres, et on les recouvre de 3 à 4 centimètres de terre.

C'est en janvier et au commencement de février que se font les semis d'oignons, qui doivent être repiqués en mai. Les terrains légers bien exposés et surtout abrités doivent être préférés. Les plates-bandes amendées avec de vieilles terres de démolition passées à la claie sont très-convenables pour ces semis. On sème à la volée ; on enterre la graine très-légèrement d'un coup de râteau, et ensuite on recouvre le semis avec de vieux fumier ou du crottin de cheval qui a subi une première fermentation. Les semis de porreaux se font de la même manière.

Lorsqu'on sème l'oignon en février ou en mars, et

(1) Quelques espèces se sèment très-épais et d'autres plus clair. Les espèces à rames veulent être semées moins épais que celles qui ne rament pas.

que la terre est bien ressuyée, la graine lève plus également, si, après la semaille, la surface du sol a été légèrement et bien également tassée avec le dos de la pelle ou avec les pieds.

Quand les gelées ne sont pas fortes, et que la terre n'est pas trop humide, on peut transplanter les choux semés en automne ; mais il est souvent plus avantageux d'attendre le mois de février ou de mars.

## FÉVRIER.

Lorsque le temps n'a pas permis de faire les travaux que nous indiquons pour le mois de janvier, ils doivent être exécutés en février.

Dans un jardin de ferme, une petite couche composée de feuilles, de fumier de cheval et recouverte de terreau, sera fort utile pour faire des semis de choux, de laitues, de radis, etc. L'année suivante, cette couche démontée fera de très-bon terreau pour des semis en pleine terre et pour la couverture d'une nouvelle couche.

On sème dans les terres argileuses les fèves de marais, en lignes espacées de 40 à 50 centimètres, en laissant 12 ou 15 centimètres entre chaque graine ; elles veulent être recouvertes d'une couche de terre de 6 à 8 centimètres.

La terre destinée aux plantations de choux doit être bêchée dans ce mois, et presque toujours il est avantageux de labourer les terres argileuses dès le mois de janvier, afin de les ameublir plus complétement.

L'ameublissement du sol est une des opérations les plus importantes du jardinage.

La profondeur du bêchage et sa bonne exécution exercent aussi une influence bien marquée sur la réussite des plantes potagères. Il est en conséquence très-important d'employer des pelles très-longues, et d'ouvrir une large tranchée, de manière à enterrer profondément les mauvaises herbes qui se trouvent à la surface du sol. On plante pour porter graines les oignons et petits oignons dit cibots.

## MARS.

C'est en mars que la culture du jardin potager réclame toute l'activité du jardinier; car c'est dans ce mois et en avril que se font la plupart des semailles et quelques plantations.

On plante l'oseille en bordures en éclatant les vieux pieds. Ces bordures, bien entretenues, durent cinq à six ans. De la suie semée à la fin de l'hiver, autour des pieds d'oseille, favorise leur végétation, et leur produit est plus précoce.

On plante aussi les fraisiers en bordures, et, quoiqu'on ne puisse pas regarder les fraises comme des fruits du jardin de ferme, la culture en est quelquefois assez profitable, lorsque la ferme est placée dans le voisinage d'une ville, où les fraises sont toujours recherchées.

Les semailles de petits pois et de fèves doivent encore être faites en mars, et continuées jusqu'en juin pour les espèces tardives, de manière à ce qu'il y en ait toujours de bons à prendre pendant toute la belle saison.

Les laitues de différentes espèces et les chicorées se sèment en mars, et, comme pour les pois, on continue d'en semer tous les quinze jours jusqu'en juillet. Par ce moyen, la cuisine est toujours largement fournie de salade.

On fait des semis de laitues qui sont ensuite trans-plantées, ou bien on les sème à demeure, très-claires, dans les sentiers des planches d'oignons, de carottes, et dans le voisinage des légumes, qui, ne poussant pas aussi promptement qu'elles, leur permettent d'atteindre leur entier développement avant que le terrain soit couvert. De quelque manière qu'on sème les laitues, la graine doit être enterrée très-superficiellement. Les semis se font sur une terre meuble, bien exposée, et, si cela est possible, la graine doit être recouverte d'une légère couche de terreau.

On sème toutes les graines qui forment ce qu'on nomme les fournitures, tels que persil, cerfeuil, cres-sonnette, etc.; ces semailles doivent être continuées de quinze jours en quinze jours, jusqu'en juillet; les ci-boules se plantent en bordures, comme l'oseille.

Les premiers semis de radis peuvent se faire en mars et être continués jusqu'en juin. Pour cette culture, la terre doit être très-riche et surtout parfaitement ameu-blie. Dans les terrains argileux, les raves et les radis ne réussissent bien que lorsqu'on a composé un sol ar-tificiel avec des terreaux.

Dans tous les jardins, il est indispensable d'avoir une bonne provision de terreaux composés de vieux fumiers mélangés avec des feuilles et de mauvaises herbes dont les graines ne se sont pas encore développées.

Les choux d'York et de Milan, ou pancaliers, que l'on transplante en mai et juin, se sèment en mars et en avril. Pour ces semis, un terrain riche et bien exposé est indispensable (1).

Les semailles de carottes se font également en mars. On peut les continuer en avril, même en mai, et, assez souvent, ce ne sont pas les premières semées qui réussissent le mieux, surtout dans les sols argileux.

La terre destinée à recevoir les carottes doit être profondément bêchée et très-riche en vieil humus. Il ne convient pas de les semer sur un terrain récemment fumé, où les petites racines se développent abondamment au détriment de la racine principale.

On sème quelquefois les carottes sur les planches d'oignons. Dans ce cas, il faut faire la semaille très-claire.

## AVRIL.

Les semis indiqués pour le mois de mars se font encore en avril, et, dans les terres argileuses et froides, il est assez souvent avantageux d'attendre ce mois.

Dans la dernière quinzaine de mars et dans le com-

_______________

(1) Et encore mieux une couche.

mencement d'avril, on met en terre les porte-graines. Les navets, les carottes et les rutabagas peuvent même être laissés sur place, pour peu qu'on ait la précaution de les recouvrir d'une couche de feuille ou de paille.

Les oignons porte-graines doivent être plantés dès le mois de mars.

Les choux communs n'ont pas besoin d'être préservés de la gelée; il faut seulement se garder d'enlever les feuilles de ceux destinés à porter graine. La tige principale fournit la meilleure semence de cette espèce de choux. Il n'en est pas de même des autres espèces ou variétés de choux-pommes, ou de Milan. Pour obtenir ces graines, on coupe la tête ou pomme des plus beaux choux, en ayant soin de choisir ceux qui réunissent au plus haut degré les bonnes qualités de l'espèce que l'on veut propager, et c'est sur les branches latérales qui se développent que l'on récolte la graine. Pour être assuré de l'avoir bonne, on détache les branches en les éclatant au ras de la tige, on les transplante sur un terrain bien préparé, et on les arrose de manière à entretenir assez d'humidité pour que ces boutures puissent produire des graines.

Toutes les graines de choux et de navets se conservent très-long-temps (au moins cinq à six ans).

Il est très-important pour les porte-graines de ne pas planter trop rapprochées les plantes d'espèces ou de variétés très-voisines, car les graines qu'on obtient ainsi dégénèrent promptement.

Si, par exemple, des choux de Milan se trouvent

dans le voisinage de choux communs et que ces deux espèces fleurissent en même temps, les graines du choux de Milan produiront des choux qui ne pommeront plus aussi bien; ils auront quelque ressemblance avec les choux communs. D'un autre côté, les graines des choux communs ne fourniront plus de plant d'une aussi bonne qualité.

Si des betteraves rouges et des betteraves blanches sont très-rapprochées à l'époque de la floraison, les graines qui en proviennent ne sont plus pures.

Il en est de même pour la plupart des autres plantes, et l'on peut dire qu'il s'opère de véritables *croisements*.

On plante les échalottes en lignes espacées de 15 à 20 centimètres et à 6 ou 8 centimètres de distance dans les lignes; elles doivent être peu enterrées. Les terres sablonneuses et légères leur conviennent particulièrement. L'ail se plante également en avril ou en mai.

Les artichauds aiment un sol riche, profond et frais. Leur propagation se fait par œilletons, qu'on enlève sur les vieux pieds vers la fin d'avril. A cette époque, on choisit sur chaque pied d'artichaud les trois à quatre pousses les plus vigoureuses, que l'on conserve, et l'on supprime toutes les autres au ras de la souche, après l'avoir déchaussée. Les plus forts des œilletons enlevés sont ensuite plantés deux ensemble, à 10 ou 12 centimètres, sur un terrain fortement fumé et profondément bêché, à une distance de 1 mètre en tous sens, et l'on conserve au pied un petit bassin destiné à recevoir l'eau des arrosements. Avant de planter les jeunes pouces les feuilles doivent être coupées à 20 centimètres de longueur et les petites racines au ras du talon. Les artichauds aiment beaucoup les arrosements.

Les semis faits en mars ont déjà besoin d'être sarclés, éclaircis et arrosés. Ces soins sont de première nécessité, et le cultivateur qui les néglige perd toujours les fruits de ses travaux.

## MAI.

C'est en mai que se font les semailles de haricots; ils aiment les terres légères et meubles. Dans les terres froides et argileuses, on doit les semer un peu plus tard.

Les haricots qui doivent atteindre leur complète maturité se font dès le commencement de mai. Ceux qui sont destinés à être consommés en vert peuvent être semés jusqu'à la fin de juillet.

On plante en lignes, espacées de 50 à 55 centimètres, en laissant un intervalle de 8 centimètres environ entre chaque haricot. Ils doivent être très-peu recouverts, et comme ils sont exposés à pourrir, il est bon de ne les semer que sur un sol parfaitement ressuyé. Pendant la végétation des haricots, un ou deux binages et un buttage à la petite houe à main, ou hinette, leur sont très-profitables.

Les citrouilles et toutes les plantes de la même famille se sèment dans la partie la plus chaude du jardin, et pour en obtenir de belles, il faut creuser une petite fosse de 1 mètre de largeur, sur une profondeur de 50 à 35 centimètres environ , et la remplir d'un mélange de vieux fumier et de terreau.

Les choux semés en mars sont souvent assez forts pour être transplantés en mai. Le terrain, comme nous l'avons dit, doit être fortement fumé et profondément labouré. On plante en échiquier, à 40 ou 50 centimètres en tous sens, pour les petites espèces ; à 1 mètre, pour les grosses.

Les choux communs ou branchus, ou encore choux cavaliers, semés en mars , se transplantent en mai , et les feuilles sont bonnes à être récoltées en automne et en hiver. Lorsqu'on les a semés en automne, la transplantation se fait en février ou en mars, et l'on a des feuilles pendant tout l'été.

Pour toutes les plantations , la terre ne doit pas être trop mouillée , et quand même elle serait légèrement humide , circonstance d'ailleurs très-favorable , il est toujours bon d'arroser les plantes transplantées , afin d'en assurer la reprise.

Lorsque les petites gelées de printemps sont à craindre, il est convenable de n'arroser qu'au milieu du jour.

C'est en mai, comme nous l'avons dit, et quelquefois en avril, que se fait le repiquage de l'oignon et des porreaux semés en janvier et en février. La terre doit avoir été bêchée quelque temps auparavant, et il faut qu'elle soit plutôt sèche qu'humide, car, s'il fait un temps pluvieux à l'époque de la plantation, les feuilles poussent vigoureusement d'abord , et les oignons n'acquièrent pas un aussi gros volume que lorsque la végétation des feuilles est moins vigoureuse.

Après que la terre a été bien battue à la surface avec le dos de la pelle ( encore mieux avec un morceau de planche épaisse ajusté obliquement au bout d'un manche de 1 mètre 30 centimètres environ), et dressée ensuite d'un coup de râteau, on plante les oignons, dont le chevelu a été légèrement retaillé, à 10 ou 12 centimètres en tous sens. Le plant faible et de mauvaise qualité doit être rebuté. Les planches d'oignons ne doivent pas avoir plus de 1 mètre à 1 mètre 50 centimètres, afin de faciliter les sarclages et les binages. Dans les terres argileuses, les binages sont indispensables quelque temps après la plantation, surtout lorsque la pluie a formé une croûte dure à la surface du sol. Ces binages s'exécutent au moyen de petits crochets à deux dents ou avec de petites pelles très-légères et très-étroites.

Les grands pois et les haricots à rames ont besoin d'être ramés aussitôt qu'ils ont atteint une hauteur de 6 à 8 centimètres. Les bois qui ont beaucoup de petites branches conviennent bien pour rames.

On fait les semis de choux, de rutabagas, de choux-navets et de navets. Les premiers se transplantent comme les choux ; les navets se sèment en place, sur un terrain léger ou bien ameubli.

A cette époque, tous les carrés doivent être remplis, et continuellement couverts de légumes pendant toute la belle saison.

Je répéterai ici ce que j'ai déjà dit : les binages, les

sarclages et les arrosements, exécutés avec soin, assurent le succès du jardinage.

## JUIN.

Les travaux de juin ne sont que la continuation de ceux de mai. Les semailles de choux, de navets, de rutabagas, de cerfeuil, de cressonnette, de radis, les plantations de choux, les binages, les sarclages et les arrosements, occupent à peu près tout le temps du jardinier pendant ce mois.

## JUILLET.

On transplante les laitues, les choux et toutes les plantes potagères qui peuvent arriver à leur maturité avant l'hiver. C'est la saison la plus favorable pour semer les radis noirs, que l'on ne consomme qu'en automne ou en hiver. C'est aussi à la fin de ce mois et au commencement d'août que se sèment les choux-pommes et les choux communs, qui doivent être transplantés en septembre ou au printemps. On récolte toutes les graines à mesure qu'elles atteignent leur maturité. Lorsque les feuilles des échalottes jaunissent, il est temps de les arracher, et quand elles sont sèches, on les lie par petits paquets que l'on suspend dans le grenier.

Les semis de chicorée et d'escarole peuvent encore se faire dans ce mois, et la plantation a lieu à la fin d'août ou au commencement de septembre. Le mois de juillet est l'époque la plus favorable pour les semailles de gros navets.

## AOUT.

Lorsque la saison est chaude, les arrosements doivent être très-fréquents ; les semis de choux d'York, de choux pommes et de choux communs se continuent en août.

A la fin d'août et au commencement de septembre, on fait les semis de laitues d'hiver, qui doivent être ensuite transplantées sur des planches inclinées au midi, et bien abritées.

Lorsque les feuilles des oignons se dessèchent, il est convenable de les arracher, et quand ils sont bien secs, on les ramasse dans les greniers (1).

Il est important de ne pas les meurtrir : sans cette précaution, ils pourrissent promptement. Pour bien conserver les oignons, il faut souvent les visiter, les changer doucement de place, afin de les empêcher de pousser ; on doit aussi enlever avec soin tous ceux qui se gâtent.

## SEPTEMBRE.

On continue de semer les choux pour être replantés au printemps, et c'est dans ce mois que se termine la récolte des graines. Elles doivent toutes être recueillies par un temps bien sec, étiquetées avec soin, et conservées dans un endroit où il n'y ait pas d'humidité.

_____

(1) L'époque de la récolte est très-variable.

La date de la récolte sera toujours inscrite sur l'étiquette. C'est de la conservation des semences et de leur bon choix que dépend, en partie, le succès de la culture du jardin de ferme.

## OCTOBRE.

Les choux et les laitues semés en août peuvent être transplantés en octobre. On lie la chicorée par un temps sec. Au bout d'une quinzaine de jours, toutes les feuilles ont blanchi.

Si le temps est froid et que les gelées soient à craindre, il est prudent de butter les artichauds après leur avoir coupé l'extrémité des feuilles. Le buttage se fait tout simplement avec de la terre ou bien avec des feuilles ou des balles de céréales, qui doivent aussi être recouvertes d'une légère couche de terre, de manière à ce que le vent ne les enlève pas.

## NOVEMBRE & DÉCEMBRE.

Quoique le buttage des artichauds ait été indiqué pour le mois précédent, il est plus convenable d'attendre le mois de novembre, et même le mois de décembre, lorsque les gelées ne se font pas trop fortement sentir. Quand les artichauds ont été buttés de trop bonne heure, ils pourrissent, et le manque d'air, joint à l'humidité, les détruit plus complétement que la gelée.

Les racines se conservent très-bien dans les celliers ou dans les silos, comme je l'ai indiqué en parlant de la conservation des racines-fourrages.

Les choux dont les pommes sont bien formées se conservent aussi très-bien dans les celliers, où leurs racines doivent être enterrées dans du sable sec. Avant de les rentrer, on enlève les feuilles latérales, car elles pourraient nuire à la conservation des choux.

On peut encore conserver les choux en les replantant en lignes, très-près les uns des autres. On enlève un peu de terre du côté du nord ; on incline le chou de ce côté et l'on met la terre de l'autre côté. Si les gelées sont très-fortes, une couche de paille doit être mise sur les choux, et, lorsque le temps devient plus doux, il est bon de l'enlever, car alors elle serait plus nuisible qu'utile.

Les terres argileuses peuvent être bêchées, et l'on peut commencer à semer les pois hâtifs dans un endroit chaud et abrité.

Les plantations de bordures et beaucoup de travaux indiqués pour le mois de janvier peuvent déjà se commencer en décembre.

Comme je l'ai déjà dit, je n'ai point eu l'idée de faire un traité de jardinage, j'ai seulement voulu tracer la marche générale que doit suivre le fermier pour la culture de son jardin.

# CULTURE

### DES

## ARBRES FORESTIERS.

Ne voulant parler aux cultivateurs que de ce qui peut leur être véritablement avantageux, nous nous occuperons seulement des arbres les plus utiles, et nous laisserons de côté ceux qui ne peuvent être considérés que comme arbres d'ornement.

Afin d'atteindre plus sûrement notre but, nous essaierons de classer les arbres d'après l'utilité de leur bois, et nous suivrons pour la culture l'ordre établi dans le petit tableau ci-joint (1).

BOIS ⎰ Très-propres à faire des charpentes. ⎱ Chène.
⎱ Pourrissant difficilement. ⎰ Châtaignier.
( Acacia (2).

(1) On conçoit que cette classification ne peut pas être très-rigoureuse; elle n'a pour but que de grouper les bois employés aux mêmes usages et ayant à peu près les mêmes qualités. (Voir l'*Herbier agricole*.)

(2) Le bois d'acacia est encore peu employé à la construction des charpentes, quoiqu'il soit très-propre à cet usage.

|      | | |
|---|---|---|
| **BOIS** | Elastiques, forts, très-propres au charronnage; mais ne supportant pas aussi bien que les précédents l'action de l'air et de la pluie. | Orme.<br>Frène. |
| | Durs, à grain fin et serré, supportant bien le frottement des machines, et fournissant un très-bon chauffage; ne résistant pas très-bien à l'action de l'air et de la pluie. | Hêtre.<br>Charme.<br>Erable.<br>Platane.<br>Houx.<br>Buis. |
| | Légers, très-propres à faire des pièces de charpente, parce qu'ils sont longs et droits; quelques-uns résistant bien à l'action de l'air et de la pluie, mais moins bien que le chêne, le châtaignier et l'acacia. | Pin.<br>Sapin.<br>Mélèze.<br>Cèdre. |
| | Très-légers, très-moux, ayant en général peu de force, propres à faire des charpentes, qui sont assez durables lorsqu'elles ne sont pas exposées à l'humidité; pourrissant promptement. | Peuplier.<br>Saule.<br>Aune.<br>Bouleau. |
| | Employés pour les ouvrages de tour et de menuiserie (1). | Noyer.<br>Mérisier.<br>Cormier.<br>Alisier.<br>Pommier.<br>Poirier.<br>Prunier.<br>Aubépine, etc. |

## *Multiplication des arbres.*

On multiplie les arbres dont nous voulons nous occuper par leurs semences, par drageons et par boutures (2). La multiplication par graines est la plus gé-

(1) Quelques arbres à fruits fournissent des bois durs et bons pour faire des engrenages de machines; le cormier surtout est très-propre à cet usage.

(2) Nous n'aurons point à nous occuper des marcottes, qui sont des branches non séparées du pied, couchées et recouvertes de terre pour leur faire prendre racine.

nérale, et presque toujours les arbres obtenus de semence sont plus vigoureux et jettent moins de drageons.

Les semis en place sont plus économiques que les plantations; mais cette dernière méthode est la plus prompte; cependant, lorsque les semis en place sont faits avec soin, ils réussissent très-bien pour quelques espèces, et sont peu dispendieux.

Le terrain destiné à faire un semis d'arbres doit être labouré profondément (1), à la bêche ou à la charrue, et bien ameubli. Les semis peuvent se faire dès l'automne et se continuer jusqu'en avril. Les graines semées en automne sont quelquefois mangées par les mulots; pour éviter cet inconvénient, on enfouit, en bêchant et en semant, de jeunes tiges d'ajonc hachées ou des bogues de châtaignes, qui empêchent infailliblement les mulots de pénétrer dans le sol. Quand on sème au printemps, les graines doivent être conservées dans du sable frais, comme nous l'avons indiqué pour l'aubépine.

Les semis se font à la volée ou en lignes espacées d'environ 20 à 30 centimètres. Les jeunes arbres ainsi obtenus peuvent, dès la première année, être transplantés dans une nouvelle pépinière, comme nous l'avons indiqué pour les pommiers; ils reprennent beaucoup mieux que lorsqu'ils ont été laissés en semis.

---

(1) Nous avons trouvé, en arrachant nos jeunes pommiers d'un an, quelques plants dont la tige n'avait que 30 centimètres et la racine 1 mètre 20 centimètres de longueur.

Les grosses graines, tels que les glands, les châtaignes, les noix, etc., doivent être enterrées plus profondément que celles qui sont moins grosses. Il ne faut recouvrir que très-légèrement les graines fines. Les soins à donner aux semis se bornent à des sarclages et à des binages; encore ces travaux peuvent être diminués de beaucoup en recouvrant la surface du sol avec des feuilles.

Lorsqu'on veut se procurer du plant des arbres qui drageonnent beaucoup, tels que les acacias, les ormes et quelques peupliers, on arrache les jeunes rejetons qui poussent au pied de ces arbres, et on en fait des pépinières dont les lignes doivent être espacées de 50 centimètres environ.

Les saules et les peupliers se multiplient par boutures. Ces boutures sont des branches de la grosseur du doigt et d'une longueur de 55 centimètres environ. Elles doivent être taillées en biseau par le gros bout et plantées au moyen d'un plantoir, ou simplement enfoncées dans une terre bien meuble, de manière à ce qu'il ne sorte que deux ou trois œils au-dessus du sol.

Les pépinières d'arbres forestiers exigent à peu près les mêmes soins que celles de poiriers et de pommiers, dont nous avons parlé en nous occupant des cidres.


## *Chêne.*


Le chêne, qui s'accommode à peu près de tous les terrains, préfère cependant les sols argilo-sablonneux

et profonds. Son bois étant très-résistant, très-durable,
et se travaillant bien, peut servir à tous les usages.
C'est le bois de construction par excellence. Il est employé à faire des lattes, des barriques, des planches,
des instruments d'agriculture, etc. Son écorce est très-
recherchée pour le tannage des cuirs, et ses glands
fournissent une bonne nourriture aux porcs. Comme
bois de chauffage, le chêne est aussi un des meilleurs.
On ne peut lui faire qu'un reproche, c'est d'avoir
beaucoup d'*aubier* (1). Le bois de chêne provenant des
arbres élevés en massifs ou dans les forêts est moins
dur que celui des arbres isolés.

Le chêne croît lentement; sa vie est très-longue, et
il acquiert souvent des dimensions gigantesques. On
l'élève en haute futaie, en avenues, en taillis, en *té-
tards*, etc. Les semis en place sont souvent les plus
avantageux, car sa reprise n'est pas toujours assurée.

Le terrain où l'on veut faire un semis de chênes doit
être profondément labouré deux ou trois fois, et lorsqu'il
a été hersé, on trace à 1 mètre de distance des rigoles
de 6 à 8 centimètres de profondeur, on y place les glands
à 7 ou 8 centimètres les uns des autres, et on les recouvre de terre.

Lorsqu'on transplante, au lieu de semer en place, les
jeunes arbres élevés en pépinières doivent avoir trois ou

_______________

(1) *Aubier*, espèce de bois tendre et blanchâtre, entre l'écorce
et le véritable bois.

L'aubier du chêne écorcé en sève devient dur et serré comme
le bon bois; malgré cela, il n'en a pas toutes les qualités.

quatre ans; leurs tiges sont rabattues à deux ou trois bourgeons au-dessus du collet de la racine, et l'on plante en lignes espacées de 1 mètre environ, en laissant autant d'intervalle entre les pieds. Au bout de trois ou quatre ans, les jeunes chênes doivent être coupés au ras de la terre, afin de leur faire produire une touffe de rameaux que l'on exploite ensuite comme taillis.

Pour les avenues et les massifs, les arbres se plantent à une plus grande distance; mais il est toujours convenable de les planter jeunes et de les recéper. Au bout de quelques années, on choisit les tiges les plus vigoureuses, que l'on conserve seules.

Le vieux plant reprend difficilement; aussi avons-nous vu bon nombre de propriétaires trompés dans leurs espérances, après avoir planté de très-forts et très-beaux chênes. Ceux qui ont été enlevés des semis et replantés en pépinières reprennent beaucoup mieux quand on les place à demeure.

### Châtaignier.

Le châtaignier, comme le chêne, croît sur tous les terrains; il préfère les sols sablonneux et profonds. Cependant, on le voit quelquefois pousser avec vigueur sur les terrains caillouteux et élevés.

La croissance du châtaignier est plus rapide que celle du chêne, surtout dans sa jeunesse; il vit très-vieux et devient énorme.

Le bois de châtaignier est un de ceux qui résistent le mieux à l'humidité; il se travaille bien; mais il est moins dur et moins solide que le bois de chêne. Les gaules de châtaignier sont plus fortes et plus élastiques que celles de chêne, parce que ces dernières ne sont composées en partie que d'aubier. Les gros châtaigniers sont souvent *roulés*, c'est-à-dire que les couches de bois n'ont aucune liaison entre elles, et sont placées les unes dans les autres, comme autant de tuyaux. On reconnaît quelquefois cette disposition des châtaigniers à leur écorce, dont les fibres, au lieu de monter verticalement, tournent en spirale autour du tronc. Les châtaigniers roulés ne sont bons qu'à faire des échalas, des lattes et du charbon. Lorsque le bois est sain, il sert à faire des charpentes, des tonneaux et de très-bonnes planches. Les taillis de châtaignier fournissent le meilleur cercle que l'on puisse employer.

Le bois de châtaignier ne brûle pas bien, pétille au feu et noircit; on en fait du charbon qui brûle assez mal dans les fourneaux de cuisine, mais qu'on emploie avec avantage pour les forges.

Les semis se font sur place, ou bien les jeunes plants sont élevés en pépinières et ensuite replantés à demeure. Ces semis et plantations se font à peu près comme ceux du chêne; seulement le châtaignier, reprenant assez facilement, peut être transplanté plus vieux.

Les *cerclières* (1), plantées en lignes, deviennent très-belles lorsque, pendant les premières années, elles reçoivent des binages. Quand on veut se servir, pour

_______________

(1) Taillis que l'on exploite pour faire des cercles.

cette opération, de la houe à cheval ou de l'extirpateur, il est indispensable de laisser plus d'intervalle entre les lignes.

Les châtaigniers cultivés pour leurs fruits doivent être greffés. On greffe en flûte ou en fente. Ces dernières greffes sont quelquefois brisées par les vents, à moins que le sujet n'ait été greffé jeune.

### *Acacia.*

L'acacia ne fait pas encore partie essentielle de nos forêts ; il n'a guère été cultivé, jusqu'à présent, que comme arbre d'ornement.

Le bois d'acacia peut être regardé comme un des plus solides et des plus durables. Il est fort, tenace, et résiste à l'action de l'air et de l'eau.

Ces qualités le placent au rang des meilleurs bois de construction (1) et de charronnage, surtout pour les raies. On en fait des échalas qui durent très-long-temps, des cercles, des palissades, de très-bonnes chevilles, etc. Il est très-propre à la construction des instruments

____

(1) J'ai vu des solives d'acacia très-bien conservées, et que les ouvriers avaient d'abord prises pour du chêne ou du châtaignier, en démolissant une vieille maison de Rennes. Ces solives étaient placées sur une cave, formaient le plancher d'un rez-de-chaussée, et les poutres en chêne qui les supportaient étaient en partie pourries.

Il y avait probablement de longues années, comme l'attestait la vétusté du bâtiment, que ces solives d'acacia avaient été placées dans cette position peu favorable à la conservation des bois. Cependant j'en ai fabriqué des charrues.

aratoires, et il est, pour le chauffage, d'un aussi bon usage que le bois de chêne.

L'acacia est un des arbres qui poussent le plus rapidement, surtout dans sa jeunesse. Souvent, lorsqu'il a été recepé, les pousses acquièrent jusqu'à 2 mètres de hauteur dans l'année. Cette disposition le rend très-propre à faire des bois taillis. Il aime les terrains sablonneux, surtout calcaires, et peut être cultivé sur les sols les plus pauvres.

On multiplie l'acacia par ses drageons et par ses graines : le premier moyen convient bien lorsqu'on veut faire des haies et des taillis ; et le second, lorsqu'on veut le laisser à haute tige, parce que les arbres venus de graines font un plus beau tronc et poussent moins de rejetons.

Pour se procurer un grand nombre de drageons, on coupe au ras de la terre un acacia bien enraciné, et l'on bêche la terre tout autour ; ou bien encore, on fait une petite tranchée circulaire à 1 mètre du tronc d'un acacia, et dans ce cas, on n'a pas besoin de le couper. Les jeunes plants qui repoussent sur les racines doivent être arrachés la première année et plantés en pépinières, afin de former du chevelu. Ces jeunes acacias peuvent être replantés à demeure, au bout de deux ou trois ans, pour faire des taillis et des haies. Lorsqu'ils sont placés dans un terrain sablonneux, le taillis se garnit très-promptement, si l'on recèpe les acacias au ras de la terre quand ils sont bien enracinés. Le succès est plus assuré en bêchant la terre autour des pieds. Ces taillis poussent avec une vigueur extraordinaire. Ils fournissent, au bout de cinq à six ans, des tiges très-propres à faire des échalas, des poteaux, etc. Les branches, qui sont garnies de fortes épines, sont difficiles à fagotter; elles conviennent bien pour chauffer les fours (1).

Les haies d'acacia bien faites sont presque impénétrables; elles sont surtout très-bonnes pour enclore les taillis. Dans le voisinage des terrains cultivés, elles ont l'inconvénient de produire des rejets qui épuisent le sol environnant.

Pour faire un semis d'acacia, on sème la graine au printemps sur un terrain bien préparé, et l'on transplante ensuite le jeune plant en pépinières, comme nous l'avons indiqué pour les pommiers. On se procure facilement, au moyen de semis, une très-grande quantité de plants.

### Orme.

L'orme vient sur tous les terrains; mais sa végé-

(1) Je citerai un fait qui m'est personnel : sur un terrain composé d'un sable ferrugineux très-fin, à sous-sol calcaire, où la végétation de presque tous les arbres est rabougrie, mon père fit arracher deux pieds d'acacia plantés 5 à 6 ans auparavant. Ces deux acacias avaient peu grossi. Les racines qui restèrent dans le sol après l'arrachage produisirent l'année suivante une grande quantité de drageons très-vigoureux et dont quelques-uns avaient de 1 à 2 mètres de hauteur. Au bout de quatre ans, je coupai ces drageons, et la plupart fournirent de belles gaules de la grosseur du bras. Les deux souches ayant continué à s'étendre, forment aujourd'hui un petit taillis que l'on abat tous les 5 à 6 ans, et qui, à cet âge, produit du bois plus gros que du chêne et du châtaignier de 12 ou 15 ans.

tation est plus vigoureuse sur les sols substantiels et calcaires.

On le multiplie par ses drageons et par ses graines, qui se récoltent à la fin de mai ou en juin. On les sème immédiatement en pépinières ou en place; elles doivent être très-légèrement recouvertes.

L'orme est très-propre à être planté en avenues et en massifs. Il reprend facilement, et lorsqu'on l'élève en pépinières, il peut y rester sept ou huit ans, jusqu'à ce qu'il ait formé une belle tige. On coupe les branches des jeunes ormes que l'on plante. Les pépinières se font comme celles des autres arbres forestiers, et quand on sème en place, 12 kilogrammes suffisent pour un hectare.

Le bois d'orme fournit un bon chauffage. Il est élastique, très-fort, et convient bien pour le charronnage; il s'échauffe plus promptement que le châtaignier, le chêne et l'acacia. Dans le voisinage des terres cultivées, il est très-nuisible par ses racines traçantes.

*Frêne.*

Le frêne aime les terrains substantiels. On le rencontre quelquefois sur les sols de mauvaise qualité; mais il ne s'y développe que lentement.

On le cultive, comme l'orme, en taillis, en massifs et en avenues. Son feuillage est agréable et léger; il est fâcheux qu'il soit souvent détruit par les cantharides.

Le bois de frêne brûle très-bien, même avant d'être complétement sec. Il est recherché des charrons et surtout des carrossiers, parce qu'il est fort, élastique, et qu'on peut l'employer en petites pièces sans craindre de le voir se briser, comme beaucoup d'autres bois. Il ne résiste pas aussi bien que le chêne à l'air et à l'humidité.

On multiplie le frêne par graines et au moyen de ses rejetons : cette dernière multiplication se fait de la même manière que celle des acacias et de tous les arbres qui ont la propriété de se propager par leurs racines. On sème les graines en pépinières aussitôt qu'elles ont été récoltées. Quand on sème sur place à la volée, il faut employer 40 kilogrammes de graines par hectare.

### Hêtre.

Le hêtre est un des plus grands et des plus beaux arbres de nos forêts; il aime les terres riches et végète cependant bien sur les côteaux secs et sablonneux.

Le bois de hêtre est un des meilleurs à brûler. Il est dur et serré; mais ses fibres étant très-courtes, il est peu élastique, se fend facilement et s'échauffe très-promptement. On emploie le bois de hêtre à une infinité d'ouvrages de tour, de menuiserie, de boissellerie, d'armurerie, etc.

On sème le hêtre en place ou en pépinières; sa culture est à peu près la même que celle du chêne, si ce n'est que ses graines doivent être enterrées moins profondément. On peut semer dès l'automne ou au printemps. Les semailles d'automne réussissent très-bien lorsque les graines ne sont pas mangées par les mulots ou par les oiseaux.

Le hêtre, cultivé en avenue, est un des plus beaux arbres que l'on puisse employer à cet usage.

### Charme.

Le charme, que l'on cultive souvent comme arbre d'ornement, en raison de sa facilité à se plier à toutes les formes qu'on veut lui donner, n'est guère employé que comme bois de chauffage; pour cet usage, il est aussi bon que le hêtre.

Le bois de charme est dur, serré et liant. Il est très-propre à faire des dents de machines, et tous les petits ouvrages qui ont besoin de beaucoup de résistance; il a l'inconvénient de se tourmenter et de se fendre.

On multiplie le charme par ses semences, et plus souvent par drageons, qu'on peut élever en pépinières ainsi que les plants qui viennent de graine. Sa croissance est très-lente. On sème sur place 40 kilogrammes de graine par hectare.

### Érable.

Les espèces d'érable sont trop nombreuses pour que nous puissions parler de chacune. Nous nous bornerons à jeter un coup-d'œil rapide sur leur culture et sur leurs qualités générales.

Les espèces les plus cultivées sont l'érable champêtre, l'érable sycomore et l'érable à feuilles de frêne. Ces deux dernières espèces acquièrent de plus grandes dimensions que les autres et sont très-propres à faire des avenues ou des massifs.

Le bois d'érable est serré, léger et sonore : c'est pour cette raison qu'il est recherché des luthiers. Il a aussi l'avantage de bien se travailler, de prendre un beau poli et de peu se tourmenter. C'est un très-bon bois de chauffage.

Le sycomore et l'érable à feuilles de frêne sont plus délicats sur la nature des terrains que les autres érables. Ils veulent un sol léger, frais et de bonne qualité. L'érable champêtre s'accommode mieux des terrains secs et peu substantiels. On multiplie les érables par graine et par leurs rejetons.

### Platane.

Le platane est un arbre superbe; il peut atteindre les plus grandes dimensions, et c'est un des plus recommandables pour faire des avenues.

Le bois de platane ressemble beaucoup à celui du hêtre, et on l'emploie souvent aux mêmes usages; mais il s'échauffe moins vite.

On le propage par boutures, par rejetons et par graine. Cette dernière méthode est la plus difficile.

Le platane n'acquiert tout son développement que dans les sols riches et frais, qui lui conviennent particulièrement.

### Arbres résineux.

Sous cette dénomination, nous comprendrons le pin, le sapin, le mélèze et le cèdre. Tous ces arbres ne se reproduisent qu'au moyen de leurs graines, et on ne les exploite jamais en taillis, parce qu'ils ne repoussent pas de souche après avoir été coupés.

### Pins.

Les espèces les plus communes sont : le pin maritime, le pin sylvestre, le pin d'Ecosse, le pin de Riga, le pin Laricio et le pin du lord.

Le pin sylvestre ou sauvage et le pin maritime réussissent très-bien dans les sols légers et sablonneux. Les terres de landes leur conviennent. Le pin maritime surtout s'accommode des plus mauvaises terres. Les autres espèces veulent des terrains moins arides, surtout le pin du lord (1). On sème les pins en place ou en pépinières.

Pour les semis de pins maritimes, il suffit de labourer la terre très-superficiellement (2), d'y semer la graine à la fin de mars, et de la recouvrir à la herse. La quantité de graine à employer par hectare est de 30 à 40 kilogrammes. Pour les autres espèces, dont la graine est moins grosse, on peut en mettre de 15 à 25 kilo-

______

(1) Le pin du lord se sème toujours en pépinières.

(2) Quelquefois on se contente de labourer seulement une bande d'un mètre environ.

grammes. Il est toujours très-avantageux que la semaille soit épaisse. On sème très-souvent les arbres résineux dans une céréale d'hiver ou de printemps, et on les enterre à la herse. Cette méthode est assez avantageuse, parce que les jeunes pins et sapins redoutent beaucoup l'ardeur du soleil ; à l'époque où ils lèvent, ils se trouvent préservés par la céréale. Il est très-important, comme pour tous les semis d'arbres, de les mettre à l'abri du pâturage du bétail.

Lorsque les pins sont trop épais, on les éclaircit graduellement ; et lorsqu'ils ont atteint sept ou huit ans, on coupe les branches les plus basses au ras du tronc, de manière à ce que les plaies se cicatrisent facilement. On continue l'élagage tous les quatre ou cinq ans, en laissant toujours à l'arbre cinq ou six étages de branches.

Les semis se font en terre meuble et légère, et, comme nous l'avons déjà dit, les jeunes arbres résineux redoutant les coups de soleil, il faut, autant que possible, les placer à l'abri de ses rayons. On les élève en pépinières comme les autres arbres ; mais la reprise est quelquefois assez difficile. Le mélèze est un de ceux qui reprennent le mieux.

C'est en mars et même jusqu'en avril que l'on transplante les arbres résineux. On peut aussi les planter en hiver.

Les pins croissent rapidement, et ils s'élèvent à une grande hauteur ; leur bois est mou, léger, élastique et fort ; on l'emploie avec avantage dans les constructions navales, pour les charpentes et pour la menuiserie. Il brûle bien et peut être considéré comme un bon bois de chauffage. Le bois du pin maritime est un des moins bons; il est souvent détruit par les vers.

Ce sont les arbres résineux qui fournissent la poix, la térébenthine, la résine, etc.

### *Sapins.*

La croissance des sapins est moins rapide que celle des pins. Leur tige est ordinairement plus droite, plus élevée, et se termine toujours par une flèche. Leurs branches, disposées par étages, vont toujours en diminuant de longueur et forment une pyramide; ces arbres ont un bel aspect et atteignent une grande hauteur (1).

Les sapins sont plus exigeants sur la nature des terrains que les pins; ils aiment un sol frais et substantiel; l'épicéa est un des moins délicats. La culture des sapins est la même que celle des pins.

Le bois de sapin est plus lourd que celui du pin; il est liant, fort et très-propre à faire des pièces de charpente. On l'emploie aux mêmes usages que le pin.

### *Mélèze.*

Le mélèze est un des plus grands arbres forestiers; mais la grosseur de sa tige n'est point en rapport avec sa hauteur. Ses feuilles tombent en hiver; elles n'ont

______

(1) Les pins ont plusieurs feuilles réunies à leur base dans une même gaine.

Les sapins ont les feuilles isolées.

point l'aspect sombre et triste de celles des autres arbres résineux.

Il aime les terres sablonneuses, profondes et fraîches; on le voit cependant quelquefois prospérer dans les terres de médiocre et même de mauvaise qualité.

Le bois de mélèze est plus dur, plus serré et plus fort que celui des pins et des sapins; il résiste bien à l'eau et à la pluie. Il fait de bonnes charpentes. On l'emploie avantageusement pour la menuiserie; et pour le charronnage, il est regardé comme un très-bon bois; mais il a l'inconvénient de se tourmenter beaucoup.

On sème rarement le mélèze en place; sa reprise est plus assurée que celle des autres arbres résineux. Les pépinières se font comme celles de pins et de sapins.

## Cèdre.

On a tant parlé de la bonté du bois de cèdre, de sa durée et de la beauté de tout l'ensemble de cet arbre, que nous nous abstiendrons de répéter ici tout ce qui a été dit à ce sujet.

Le cèdre n'est encore cultivé que comme arbre d'ornement. Il acquiert des dimensions énormes, et sa durée est des plus longues. Il aime les terrains riches, profonds; cependant il réussit bien dans les sols graveleux (1).

(1) Un des plus beaux cèdres que nous connaissions à Rennes, est placé sur un terrain schisteux de médiocre qualité.

Le cèdre se propage par ses graines, que l'on sème en pots ou en lieu bien abrité, et auxquelles on donne tous les soins indiqués pour les autres arbres résineux.

Lorsque les jeunes cèdres ont atteint une hauteur de vingt à trente centimètres, on les transplante en pépinières, où ils restent jusqu'à ce qu'ils soient assez forts pour être placés à demeure. Leur accroissement est très-lent, jusqu'à ce qu'ils aient atteint l'âge de dix à douze ans; après cette époque, ils poussent avec rapidité.

Les arbres résineux, et surtout les pins champêtres et maritimes, sont excellents pour utiliser les terres de landes, parce que leur culture est simple et facile.

Lorsque les sapinières sont bien faites, et exploitées avec discernement, elles donnent des produits qui dé-passent souvent ceux des terrains d'une plus grande valeur (1).

### *Peupliers.*

Les peupliers aiment les terrains humides et substantiels; les sols d'alluvion sont ceux qu'ils préfèrent. Ils croissent très-rapidement, et reprennent bien par bouture, à l'exception de quelques espèces dont nous n'aurons point à nous occuper.

Les espèces et variétés de peupliers sont très-nombreuses; mais presque toutes exigent le même sol et la même culture, à quelques exceptions près.

(1) Les semis de pins dans les terres de landes sont de véritables caisses d'épargnes, qui peuvent assurer aux familles d'immenses ressources.

Le peuplier pyramidal ou d'Italie est un des plus répandus ; il pousse avec une grande vigueur dans le voisinage des rivières, sur les fonds sablonneux et profonds. Dans nos sols froids et argileux, c'est un des moins bons. Quelques espèces réussissent sur les terrains plus élevés ; tels sont les peupliers blancs, le peuplier-tremble, le peuplier noir, que l'on exploite souvent en *têtards* ; le peuplier de Virginie (1) et le peuplier du Canada ; mais, en général, ils n'acquièrent tout leur développement que sur les sols riches et frais. Quelques peupliers, surtout le blanc et ses variétés, poussent une si grande quantité de rejetons qu'il est impossible de les planter dans le voisinage des terres cultivées. Ce sont les moins délicats, les plus rustiques, et ils réussissent même dans les terrains qui ne conviendraient pas aux autres espèces.

Le peuplier de la Caroline, remarquable par la largeur de ses feuilles et par ses jeunes tiges très-anguleuses, est un des plus exigeants sur la nature des terrains, et très-difficile à faire prendre par boutures. Elles doivent être faites dès l'automne. La croissance de ce beau peuplier est très-rapide ; il ne pousse pas de rejets et acquiert de grandes dimensions.

Le bois de tous les peupliers est léger, mou, peu résistant ; il pourrit très-promptement lorsqu'il est exposé à

(1) Le peuplier de Virginie, ou peuplier suisse, est un de ceux qui poussent le moins de rejets ; c'est aussi un des plus vigoureux. Il est moins délicat que beaucoup d'autres espèces, et ses bonnes qualités l'ont fait adopter pour la plupart des grandes plantations.

l'action de l'air et de la pluie. On en fait des charpentes qui sont assez durables, surtout celles du tremble. La menuiserie en tire un bon parti pour faire des panneaux qui doivent toutefois être maintenus par des bois plus forts; mais il ne peut servir aux ouvrages de charronnage, et il fait un mauvais chauffage.

On multiplie les peupliers par boutures, comme nous l'avons déjà indiqué plus haut, et par drageons. Les boutures et les jeunes drageons s'élèvent en pépinières, jusqu'à ce qu'ils soient assez forts pour être mis en place. Quelquefois on plante tout simplement à demeure de grosses branches de peuplier de la longueur de 2 ou 5 mètres.

Les boutures se font pendant tout l'hiver, jusqu'en mars.

On cultive les peupliers en avenues, en massifs, et quelques espèces en *têtards*.

### Saule et Aune.

Les saules ont une végétation très-rapide. Ils aiment le voisinage des eaux, comme les aunes; ce sont de véritables arbres aquatiques. On les exploite avantageusement en taillis et en *têtards*, et ils produisent ainsi de bonnes gaules dont on fait des échelles, des chaises, des perches pour étendre le fil, des cercles, des fourches, etc. Le bois de saule est léger, mou, élastique, et plus résistant que celui de beaucoup de peupliers. On en fait des planches et des charpentes qui sont assez durables.

Le bois d'aune a le grain plus fin et plus serré. On en fait de la volige, des sabots et un grand nombre d'ouvrages de tour qui prennent un beau poli et se teignent bien en noir, ainsi que le poirier. Le bois d'aune ne pourrit point dans l'eau. On l'emploie avec avantage pour faire des fûts radiers de moulin, des pilotis, etc. Exposé à l'air, il dure peu et se pique très-promptement. Le saule et l'aune sont de mauvais bois de chauffage.

On multiplie ces arbres par boutures, rejetons et quelquefois de semis. Leur culture est la même que celle des peupliers. Ce sont des arbres précieux pour utiliser les terrains marécageux.

### Bouleau.

Le bouleau réussit sur tous les terrains, humides, secs, sablonneux, pierreux, etc.; mais c'est surtout dans les sables gras qu'il est susceptible d'acquérir tout son accroissement. C'est un des arbres les plus propres à utiliser les côteaux secs et arides, où la plupart des autres arbres viendraient mal. On l'exploite ordinaire-ment en taillis. Il est propre à faire des cercles, des fagots recherchés des boulangers et du bois de chauffage qui brûle très-bien. Il donne une flamme claire. Les grosses pièces peuvent faire de la charpente. Elles sont fortes; mais elles s'échauffent facilement. On en fait aussi des sabots, et les petites branches sont employées pour faire des balais. L'écorce du bouleau, qui est flexible, est très-propre à la confection des paniers, des boîtes et des tabatières.

La graine de bouleau, qui se sème naturellement dans les bois, produit une grande quantité de plant qu'on peut élever en pépinières. Pour faire des semis, un sol frais, meuble et exposé au nord, est très-convenable. La graine doit être légèrement recouverte avec du terreau ou de la terre légère. En coupant les extrémités des branches où se trouvent les graines, avant leur entière maturité, et en les exposant ensuite au soleil, où elles achèvent de mûrir, on se procure une grande quantité de semence. Le plant élevé en pépinières est bon à planter au bout de trois ou quatre ans.

Les bois de quelques arbres à fruits sont d'un bon usage pour la menuiserie, ceux de noyer et de mérisier surtout. Les bornes de notre travail ne nous permettant pas de nous occuper de la culture de tous ces arbres, nous dirons seulement qu'elle est à peu près la même que celle des poiriers et des pommiers. Le noyer, cependant, doit, autant que possible, être semé sur place. Quand il a été transplanté, il reste languissant pendant quelques années. Nous connaissons toutefois de très-beaux noyers transplantés.

Les arbres doivent être arrachés de la pépinière avec beaucoup de soins, afin de ne pas écorcher ou tirailler les racines, et, pour la plantation à demeure, il faut prendre toutes les précautions indiquées pour les pommiers.

Je ferai observer, en terminant, que, la plupart du

temps, les arbres de toute espèce, plantés en avenues ou isolément, sont horriblement mutilés par *des porteurs de serpettes*, qui s'imaginent qu'en enlevant toutes les branches d'un arbre on peut lui faire atteindre des dimensions gigantesques, et, comme ils le disent, qu'on le fait *filer*. Cette mutilation produit toujours un effet contraire; car les gourmands se développent, la tige se courbe, et, comme on s'obstine à retrancher les branches à mesure qu'elles poussent, on finit par épuiser l'arbre, qui n'échappe à la serpette meurtrière que lorsqu'il est doué d'une grande vigueur. Il faut que la tige de l'arbre soit toujours garnie de branches dans la proportion d'un tiers, ou, ce qui vaut mieux encore, de la moitié de sa hauteur totale.

# ÉDUCATION DES ABEILLES.

Dans presque toutes les fermes, on rencontre quelques ruches, et cependant très-peu d'agriculteurs se livrent un peu en grand à l'éducation des abeilles.

Les nombreux accidents qui détruisent ces insectes peuvent être en partie prévenus par des soins d'ordre et de propreté, et il nous paraît probable qu'en perfec-tionnant les ruches, en mettant les abeilles à l'abri de leurs nombreux ennemis, et en les nourrissant lors-qu'elles en ont besoin, on peut diminuer les accidents. Nous nous bornerons donc à donner quelques conseils aux éleveurs d'abeilles, afin de rendre leurs travaux plus profitables.

Nous ne ferons point une description minutieuse de la vie et des travaux des abeilles; nous ne parlerons de l'organisation merveilleuse de leur société que pour rendre nos explications plus claires.

Les ruches contiennent trois sortes d'individus : 1° la reine ou mère, plus grosse et plus longue que les autres; 2° les mâles ou faux-bourdons, plus gros et plus foncés que les autres abeilles; enfin 5° les ouvrières, plus petites et qui forment la base de la population de la ruche.

La mère ou reine est ordinairement seule de son espèce dans une ruche; on n'en rencontre d'autres qu'à l'époque où les essaims doivent quitter la ruche. Elle pond une grande quantité d'œufs qu'elle dépose dans les petites cellules de cire construites par les abeilles ouvrières. Ces dernières prennent soin des œufs, nourrissent les vers et ensuite les abeilles qui en sortent. Les alvéoles où la reine dépose les œufs qui doivent produire des mères sont plus grands que les autres, et les insectes qu'ils renferment reçoivent des aliments d'une autre nature.

Lorsque, par accident, la reine d'une ruche a été détruite et qu'il ne s'y trouve pas d'œufs destinés à produire des reines, les abeilles ouvrières peuvent réparer cette perte en élargissant quelques alvéoles contenant des œufs d'ouvrières et en les traitant comme ceux des reines.

Les mâles ne paraissent que dans l'été et principalement à l'époque où les essaims doivent quitter la ruche-mère. Ils ne vivent pas longtemps, car les abeilles les massacrent ou les chassent de la ruche deux mois environ après l'époque de leur naissance.

C'est vers le mois de mai ou de juin que les essaims quittent la ruche avec une reine qui sert de mère à la nouvelle colonie. Les abeilles choisissent ordinairement un temps chaud et doux pour essaimer (de neuf heures du matin à cinq heures du soir, à peu près). A cette époque, les ruches sont pleines d'abeilles, leur agitation est extrême, et elles débordent même. C'est dans cette saison, comme nous l'avons dit, qu'on voit les mâles.

A la sortie de la ruche, l'essaim se fixe assez souvent sur une branche d'arbre, où il est facile à recueillir ; mais il arrive aussi quelquefois qu'il s'enlève très-haut et s'éloigne à de grandes distances. Lorsque l'essaim paraît disposé à s'élever, il faut bien se garder de faire du tapage en criant et en frappant sur des poêles ou sur des casseroles, comme on le pratique dans quelques pays. On arrête facilement les abeilles en les aspergeant avec un rameau mouillé, ou en leur jetant à grandes poignées du sable fin ou de la terre sèche.

Quand l'essaim est arrêté, on lui présente une ruche bien nettoyée et enduite, dans quelques endroits, d'une très-légère couche de miel. On fait ensuite tomber les abeilles dans la ruche renversée, au moyen d'un petit rameau ou avec la main ; car les abeilles ne piquent pas à l'instant où elles essaiment, si on les traite avec douceur (1). Aussitôt que la reine et une partie des abeilles sont dans la ruche, elle peut être placée sur le plateau qui lui est destiné, et les abeilles restées sur la branche ne tardent pas long-temps à s'y rendre.

Les bons essaims pèsent de deux à trois kilogrammes; les premiers sortis sont toujours les meilleurs ; les

_________

(1) Si l'essaim s'est reposé sur un buisson bas, en plaçant la ruche au-dessus, il ne tarde pas à y monter.

ruches en font un ou deux et quelquefois trois. Quand ces derniers essaims sont trop faibles, on peut en réunir deux.

On nourrit les essaims avec du miel commun ou avec des sirops, lorsque les étés sont peu favorables pour la récolte que font les abeilles sur les fleurs.

Les ruches doivent être placées dans un rucher (1) couvert et sec, ou en plein air, recouvertes d'un surtout en paille et exposées au midi. Lorsqu'il ne se trouve pas dans le voisinage un ruisseau ou une mare qui puisse fournir de l'eau dont les abeilles ont souvent besoin, on enfonce dans le sol des baquets à moitié remplis de terre, et recouverts de quelques décimètres d'eau à la surface. Pour en rendre l'accès plus facile aux abeilles, on y plante du cresson qui leur permet de boire sans s'exposer à tomber dans l'eau.

Les localités boisées où il se trouve beaucoup de prairies naturelles ou artificielles, et beaucoup de jardins, sont plus propres à l'éducation des abeilles que les terrains de plaine où l'on ne cultive que des céréales. La fleur du sarrasin fournit beaucoup de miel ; mais on assure qu'il est de qualité inférieure.

La terre doit être tenue bien nette de mauvaises herbes autour des ruches, à une distance d'un mètre

---

(1) Un rucher ou espèce de hangar couvert en paille et ouvert seulement du côté du sud est très-avantageux pour placer les ruches. On peut, au moyen de planches disposées en forme de dressoir, mettre plusieurs rangs de ruches au-dessus les unes des autres ; il faut au moins un intervalle de 10 centimètres entre chaque ruche.

environ ; de manière à ce que les abeilles qui tombent par terre puissent se relever facilement sans être mouillées ou embarrassées par les herbes.

Les ruches seront placées sur des plateaux en bois garnis de pieds et disposés de manière à ce que les petits animaux qui détruisent les abeilles ou leurs travaux ne puissent que difficilement y monter. Il est important que le plateau soit un peu plus large que la ruche, surtout du côté de l'entrée, afin que les ouvrières, en arrivant des champs, s'y reposent facilement, sans avoir besoin de s'accrocher à l'entrée de la ruche. Les plateaux doivent aussi être légèrement inclinés d'arrière en avant, afin de faciliter l'écoulement des eaux.

Les abeilles gardant toujours les ouvertures de leurs ruches, il est important de ne laisser qu'une seule entrée, qu'il est plus facile de défendre contre l'agression des ennemis. Une rigole creusée dans l'épaisseur du tablier, du côté antérieur de la ruche, forme une entrée suffisante : elle doit avoir 6 à 7 centimètres de largeur, 2 à 5 centimètres de profondeur, et se terminer à rien au milieu du plateau. Il est bon de pouvoir fermer cette ouverture par une porte percée de petits trous.

On donne aux ruches des formes très-variées, et l'on emploie à leur construction des matériaux de différentes espèces. De quelque manière qu'on les construise, les pièces doivent en être bien jointes, surtout à l'intérieur, de manière à ce que l'humidité ne puisse pas y pénétrer. Si la ruche est malpropre ou crevassée à l'intérieur, les abeilles, avant de se livrer à leurs travaux ordinaires, bouchent ces fentes et nettoient l'intérieur de l'habitation.

Les ruches les plus communes sont fabriquées avec de jeunes tiges de bourdaine et d'osier, de la même manière qu'on fait les paniers, et recouvertes d'un enduit composé de terre argileuse et de bouse de vaches. On fait des ruches avec de la paille : elles sont ordinairement munies d'un couvercle qui permet de récolter une partie du miel et de la cire. La largeur ordinaire du corps de ces ruches est de 50 à 55 centimètres, sur 44 centimètres de hauteur ; le chapiteau a environ 10 à 12 centimètres.

On construit aussi des ruches composées de boîtes, ou hausses, d'environ 55 centimètres en carré, et de 8 à 9 centimètres de hauteur. Ces boîtes sont ouvertes à leur partie inférieure, et percées d'un trou carré d'environ 15 centimètres à leur partie supérieure, de manière à ce que, étant placées les unes sur les autres, les abeilles puissent librement circuler dans tous les étages. A la partie inférieure de la boîte, on place une petite barre de bois de 1 à 2 centimètres de diamètre pour soutenir les gâteaux.

Toutes les hausses étant exactement de même grandeur, on en place deux ou trois les unes sur les autres, suivant la force de l'essaim ; on bouche le trou supérieur et on ne laisse de sortie que par l'entaille pratiquée dans l'épaisseur du plateau. Les hausses sont attachées ensemble au moyen de fils de fer minces passés dans les anneaux placés des deux côtés de chacune d'elles. Lorsque ces hausses sont bien jointes ensemble, on recouvre la ruche d'un surtout en bois ou en paille, et à l'époque de la récolte du miel et de la cire, les gâteaux qui se trouvent collés sur la hausse inférieure ou sur le plateau en sont détachés au moyen d'un fil de fer, comme on le fait pour couper le savon. Cette ruche, composée de plusieurs pièces, permet de prendre les hausses supérieures qui sont remplies de cire et de miel, et on peut donner aux abeilles un logement proportionné à leur nombre.

Pour transporter les ruches, il faut en boucher l'entrée avec une toile claire qui laisse passer l'air, et éviter surtout les secousses trop violentes.

Les abeilles ont un grand nombre d'ennemis, parmi lesquels on peut citer, comme étant les plus redoutables, les oiseaux, les rats, les souris, les araignées, les fausses-teignes, les guêpes, les guêpes-frélons, etc. On doit souvent visiter les ruches et en éloigner tous ces ennemis.

Lorsque la provision des abeilles n'est pas assez abondante en hiver, ou que les essaims sont faibles, il est bon de les nourrir avec des sirops de fruits ou avec des miels communs, auxquels on ajoute un peu de vin. Suivant les observations de quelques personnes, une petite quantité de sel rend ces sirops plus sains pour les abeilles. Afin d'éviter qu'elles ne s'engluent, on met dans les assiettes qui contiennent leur nourriture des brins de paille coupés de la longueur du doigt.

En hiver, l'entrée des ruches doit être fermée au moyen d'une petite planchette percée de trous, afin d'empêcher les abeilles de sortir pendant la mauvaise saison, et de laisser cependant l'air circuler facilement.

Au printemps, lorsque les abeilles commencent à remuer, on ouvre la porte de la ruche, on nettoie le plateau, on enlève les araignées et les fausses-teignes, et on donne à manger aux abeilles, si leur provision ne paraît pas suffisante.

Quelques éleveurs d'abeilles, au lieu de placer le sirop dans les assiettes, le mettent dans une bouteille, dont ils recouvrent l'ouverture avec une toile claire; ils introduisent ensuite le goulot de la bouteille dans un trou ménagé à la partie supérieure de la ruche. De cette manière, les abeilles prennent le sirop à travers la toile, et il n'y a aucun dérangement dans la ruche. Dans la saison où les abeilles n'ont pas besoin de sirop, on ferme ce trou avec un bouchon.

Lorsque les abeilles sont malades à la fin de l'hiver, elles se rétablissent assez promptement, si elles reçoivent des fortifiants, tels que du sirop, dans lequel on fait entrer, dans une forte proportion, du vin de bonne qualité.

Il est toujours prudent de donner des sirops aux abeilles, comme préservatifs, à la fin de l'hiver. C'est aussi une bonne méthode de répandre un peu de sel fin sur le plateau de la ruche.

Lorsqu'une ruche est trop endommagée par les fausses-teignes, ou encore quand on veut enlever tous les gâteaux qu'elle contient, on transvase les abeilles dans une ruche vide. Cette opération doit se faire le

matin. La ruche pleine sera d'abord renversée, et ensuite recouverte par la ruche vide. L'intervalle qui
pourrait donner passage aux abeilles sera bouché au
moyen d'un linge; ensuite, en frappant de petits coups
répétés sur la ruche où se trouvent les abeilles, on les
forcera à monter dans la ruche vide, ce que l'on reconnaîtra au bourdonnement qui s'opère dans cette dernière. Il faut quelquefois avoir recours à la fumée
pour les faire monter.

Quand, au lieu de transvaser les abeilles, il ne s'agit
que d'enlever une hausse ou un couvercle, il suffit de
frapper quelques petits coups dans un autre endroit de
la ruche, et la reine s'y transporte immédiatement avec
une partie de la population.

La récolte du miel et de la cire se fait en mai ou en
juin, après la sortie des essaims, parce que, à cette
époque, les abeilles ainsi dépouillées ont encore le temps
de faire une nouvelle provision pour l'hiver. Si le temps
devient mauvais après cette opération, il faut nourrir
les abeilles comme on le fait pour les essaims faibles.

On peut récolter le miel et la cire sans dépouiller
complétement la ruche.

Le chapiteau de celles en paille peut être enlevé
une ou deux fois pendant la belle saison, de juin en
août.

Les ruches en panier, qui ne se séparent pas en deux,
peuvent être placées sur des hausses ou boîtes en bois,
lorsqu'après avoir donné leur essaim elles sont encore
bien pleines; l'année suivante, à la même époque,

on s'empare de la ruche, et on met une seconde hausse sous la première. Au moyen de ce procédé, on n'a point besoin d'étouffer les abeilles pour récolter le miel et la cire.

Pour extraire le miel des gâteaux, on place d'abord les plus blancs et les plus lourds sur des claies ou des paniers bien propres, et après avoir enlevé avec un couteau la couche mince de cire qui ferme les alvéoles, on laisse le miel s'écouler dans des vases disposés pour le recevoir. Si la température n'est pas élevée, il faut échauffer la chambre (1).

On place ces claies ou paniers dans un four, quelque temps après que le pain en est retiré. Le miel ainsi obtenu est le meilleur et le plus pur.

Les autres gâteaux et ceux dont on a déjà pris le beau miel sont écrasés avec les mains, et déposés de nouveau sur des claies ou paniers que l'on place également dans un four ou dans une chambre chaude.

Ce second miel est moins bon que le premier. On obtient encore une troisième qualité de miel en soumettant à l'action d'une presse ce qui reste sur les claies ou paniers.

Après l'extraction du miel, le marc est émietté, lavé avec de l'eau et pressé de nouveau. L'eau qui en sort peut faire de l'hydromel, ou, après avoir été bouillie et écumée, elle entre dans la composition des sirops employés à la nourriture des abeilles. Les miels des

(1) 24 à 25 degrés. — R.

trois qualités sont mis séparément dans des pots. On enlève ensuite l'écume qui se forme à la surface.

Ce dernier marc, où il ne se trouve plus de miel, est encore émietté, fondu dans une chaudière avec de l'eau et soumis à l'action de la presse, dont la maye doit être garnie d'une toile claire et forte.

Lorsque la cire obtenue par cette pression est un peu refroidie, on la lave en la pétrissant dans de l'eau tiède, et ensuite elle peut être coulée en pains, après avoir été fondue une seconde fois.

On pourrait retirer la cire du marc en le mettant tout simplement dans un sac de grosse toile que l'on fait bouillir dans une chaudière remplie d'eau. La cire fond, passe à travers le sac et vient surnager à la surface de l'eau. Il est prudent de mettre une planchette sous le sac, parce que la cire brûlerait s'il portait au fond de la chaudière.

L'éducation des abeilles est souvent très-productive; en outre, elle procure un véritable délassement au cultivateur et contribue à lui rendre le séjour des champs plus agréable.

# CATALOGUE



DES

# INSTRUMENTS ARATOIRES

DE LA

## FABRIQUE DE J. BODIN ET SES FILS,

**A RENNES (1).**

---

Araires ou charrues sans avant-train.

| | |
|---|---|
| N° 1.............................. | 65 fr. |
| N° 2.............................. | 60 |
| N° 3.............................. | 50 |
| N° 4.............................. | 45 |
| N° 5.............................. | 35 |
| N° 6, avec roulette et soc en fonte.... | 25 |

Charrues disposées pour marcher sur avant-train, mais sans l'avant-train, mêmes modèles que les précédentes.

| | |
|---|---|
| N° 1.............................. | 60 fr. |
| N° 2.............................. | 55 |
| N° 3.............................. | 45 |
| N° 4.............................. | 40 |
| N° 5.............................. | 30 |
| N° 6.............................. | 25 |

Charrues et araires versant à gauche.

N°ˢ 1, 2 et 3, même prix que les précédentes.

Araires avec versoir allongé.

| | |
|---|---|
| N° 1............................... | 67 fr. |
| N° 2.............................. | 60 |
| N° 3.............................. | 55 |
| N° 4.............................. | 40 |

Les mêmes, pour aller sur avant-train, mais sans l'avant-train.

| | |
|---|---|
| N° 1.............................. | 60 fr. |

(1) Les Catalogues avec dessins sont adressés à toutes les personnes qui en font la demande.

10 *

| | |
|---|---|
| N° 2............................ | 55 fr. |
| N° 3............................ | 50 |
| N° 4............................ | 35 |

Avant-train à roues en fonte, cerclées en fer, pour tous les modèles ci-dessus.  60

Charrues entièrement en fer, à roues inégales. — Nouvelle série.

| | |
|---|---|
| N° 1............................ | 150 fr. |
| N° 2............................ | 125 |
| N° 3............................ | 110 |
| N° 4............................ | 95 |
| N° 5............................ | 85 |
| Charrue tourne-oreille.............. | 150 |
| Charrue Cotgreave.................. | 260 |

Nouvelles charrues tenant le milieu pour la forme du versoir entre les anciennes charrues et celles à versoir allongé.

| | |
|---|---|
| N° 1............................ | 65 fr. |
| N° 2............................ | 60 |

Les mêmes, pour aller sur avant-train.

| | |
|---|---|
| N° 1............................ | 60 fr. |
| N° 2............................ | 55 |

### Buttoirs.

| | |
|---|---|
| N° 1............................ | 65 fr. |
| N° 2............................ | 50 |
| N° 3............................ | 45 |
| Très-joli modèle avec âge en fer..... | 100 |

### Fouilleuses.

| | |
|---|---|
| Avec âge en bois.................... | 80 fr. |
| — en fer..................... | 190 |
| Extirpateur et scarificateur entièrement en fer............................ | 165 |
| Rayonneur........................ | 100 fr. |

### Houes à cheval.

| | |
|---|---|
| En fer, avec roue.................. | 55 fr. |
| En bois, avec roulette.............. | 50 |
| En bois, sans roue................. | 45 |

### Herses.

| | |
|---|---|
| Valcourt, n° 1 ................. | 40 fr. |
| — n° 2..................... | 30 |
| — n° 3..................... | 25 |
| — n° 4..................... | 15 |

### Les mêmes, entièrement en fer.

N° 1............................... 80 fr.
N° 2............................... 65
N° 3............................... 50
N° 4............................... 30

### Herses en fer, articulées, très-bons modèles.

N° 1............................... 140 fr.
N° 2............................... 120
N° 3............................... 100

### Herses à couvrir.

N° 1, entièrement en fer........... 150 fr.
N° 1, bâti en bois................. 90
N° 2,        —    ................. 70
Rouleaux Crosskill, à 11 disques.... 400
       —              à 6 disques..... 300
Semoir à cheval, à 3 pieds.......... 120
    —    à bras, à un tube.......... 45

### Machines à battre, ancien système.

A manège en l'air, 3 bras .......... 665 fr.
       —              4 bras.......... 685
A manège par terre, pour 2 chevaux. 600
Le même, pour 3 chevaux........... 620
Plus forte, à 3 chevaux........·.... 800
    —       à 4 chevaux............ 850

### Machines avec manèges nouveaux modèles,

A deux bras d'attelage............. 600 fr.
A trois bras...................... 620
A 3 chevaux, dents de la couronne rap-
  portée........................... 820
A 4 chevaux,       ---       —    ... 920
A 5 chevaux,       —        --    ... 1.020

### Machine à battre à vapeur.

Force de 3 chevaux................. 4,200 fr.

Machine à battre, secouant la paille, nettoyant le grain
et le mettant en sacs, exigeant une force de 5 à 6 chevaux
vapeur, sans la machine à vapeur....... 2,300 fr.

Locomobiles à vapeur, à mécanisme découvert et cylindre
horizontal.

Force d'un cheval.................. 2,200 fr.
    —    de 2 chevaux.............. 2,800
    —    de 3 chevaux.............. 3,600
    —    de 6 chevaux.............. 6,000

Force de 7 chevaux............... 6,600 fr.
— de 8 chevaux............... 7,400

Machines à vapeur locomobiles, avec mécanisme renfermé
et cylindre vertical, recommandées spécialement pour
les travaux agricoles.

Force de 4 chevaux.................. 5,000 fr.
— de 5 chevaux.................. 5,600
— de 6 chevaux.................. 6,200
— de 7 chevaux.................. 6,600
— de 8 chevaux.................. 7,000
— de 8 chevaux, 2 cylindres...... 7,600
— de 10 chevaux,        —        8,600

Machines à vapeur locomobiles, avec mécanisme renfermé,
à cylindre renversé et à détente.

Force de 6 chevaux.................. 6,600 fr.
— de 7 chevaux.................. 7,000
— de 8 chevaux.................. 8,000
— de 10 chevaux.................. 9,500
— de 20 chevaux.................. 16,000

Locomotives pour routes ordinaires, prix suivant la force.

### Tarares.

N° 1.................................. 60 fr.
N° 2.................................. 50
Spécial pour les greniers............ 100
Cylindre cribleur.................... 150
Faucheuse à 1 cheval, système Bur-
gess et Key...................... 600
Faucheuse à 2 chevaux............... 700
— Wood, à un cheval....... 450

### Faneuses.

A simple effet....................... 300 fr.
A double effet....................... 450
Râteau à foin........................ 250
Laveur de racines, nouveau modèle.. 150

### Coupe-racines.

N° 1, à lames droites................ 90 fr.
— dentées............... 98
N° 2, à lames droites................ 60
— dentées............... 65
Dépulpeur............................ 150
Id.   à disque vertical............ 150
Id.   à double effet............... 180

### Hache-paille.

| | |
|---|---|
| Nº 1, bâti en bois.. ............... | 180 fr. |
| Nº 2,  —  ............. .... | 150 |
| Nº 3, bâti en fonte................. | 90 |
| Le même, avec bascule ............. | 110 |

Grand hache - paille entièrement, en
 fonte, avec volant formant poulie..  280

### Concasseur, aplatisseur de grains.

| | |
|---|---|
| Nº 1............................... | 260 fr. |
| Nº 2............................... | 212 |
| Concasseur de fèves............... | 100 |
| Concasseur de tourteaux........... | 80 |

Barattes Valcourt, avec battes du système américain,
 de 25 à 50 fr.

| | |
|---|---|
| Moulin à pommes................. | 150 fr. |
| Pressoir......................... | 250 |

### Paroires pour jardins et parcs.

| | |
|---|---|
| A cheval, bâti en bois............. | 35 |
| A bras, en fer.................... | 30 |
| Tondeuse de gazons............... | 150 |

### Tombereaux et charriots, prix suivant la force.

Tombereau à purin avec pompe à l'arrière, caisse en fonte.............  700 fr.

| | |
|---|---|
| Pelle à cheval..................... | 70 |
| Brouette à roue, en bois........... | 15 |
|  —  en fonte........... | 18 |
| Pompe à purin.................... | 60 |

Instruments de drainage.
Chaînes à vaches.

| | |
|---|---|
| Plantoir à 2 branches.............. | 8 |
| Palonnier simple.................. | 6 |
|  —  double.................. | 8 |
|  —  à 4 crochets............. | 12 |

### Volée d'attelage en fer forgé.

| | |
|---|---|
| Complète.......................... | 35 fr. |

### Les palonniers séparés.

| | |
|---|---|
| Pour un cheval.................... | 12 fr. |

### Socs en fer de Suède.

| | |
|---|---|
| Nº 1, avec boulons ............... | 6 fr. |

| | | | |
|---|---|---|---|
| N° 2, | — | ................. | 5 fr. » |
| N° 3, | — | ................. | 4   50 |
| N° 4, | — | ................. | 4 |
| N° 5, | — | ................. | 4 |

### Socs entièrement en acier.

| | | | |
|---|---|---|---|
| N° 1, avec boulons | | ................. | 9 fr. |
| N° 2, | — | ................. | 8 |
| N° 3, | — | ................. | 7 |
| N° 4, | — | ................. | 6 |
| N° 5, | — | ................. | 6 |

### Socs en fonte.

| | | |
|---|---|---|
| N°ˢ 1 et 2 | ................. | » fr. 90 |
| N° 3 | ................. | »   70 |
| N° 4 | ................. | »   65 |
| N° 5 | ................. | »   60 |
| N° 6 | ................. | »   50 |

### Ensemble de machines marchant au moyen d'un manège.

| | |
|---|---|
| Manège à 1 cheval, pouvant résister à 2 | 388 fr. |
| Transmission | 125 |
| Hache-paille, n° 2, avec poulie | 160 |
| Concasseur - aplatisseur , n° 2 , avec poulie | 222 |
| Dépulpeur | 155 |
| Arbre de transmission. | 12 |
| Courroies | 24 |

| | |
|---|---|
| Ensemble complet des trois instruments et du manège | 1,086 fr. |

### Moulin à farine avec meule de 1ᵐ 07 ; bluterie, grue pour lever les meules.

| | |
|---|---|
| De la force de 3 à 4 chevaux vapeur | 4,500 fr. |

# TABLE ALPHABÉTIQUE

DES

## MATIÈRES CONTENUES DANS CE VOLUME.

# C



# D

## S



## T



## U



## V



FIN DE LA TABLE.

Rennes, typ. Oberthür. —Mon à Paris, 85, rue des Bl.-Manteaux.

# OUVRAGES DU MÊME AUTEUR :

*Herbier agricole*, ou Liste des Plantes les plus communes, avec 110 figures, à l'usage des Écoles d'agriculture et des Écoles normales primaires. — **Nouv**e édition, revue et augmentée, avec 110 figures intercalées dans le texte.   »

*Quelques observations pratiques*. — Dédié à MM. les Présidents des Comices agricoles ......................................................   » 1

*Resume d'agriculture pratique*, par demandes et réponses, ou Questionnaire agricole pour les Écoles primaires. — Rédigé d'après le vœu de la Société d'agriculture de Rennes. — Seconde édition ..........   » 7

*Lectures et Promenades agricoles* pour les enfants des Écoles primaires. — Troisième édition ..........................................   » 60

*La Culture et la Vie des Champs* ................................   1   »

---

# ON TROUVE A LA MÊME LIBRAIRIE :

*Leçons de Chimie agricole*, par MALAGUTI, 3 vol. in-12 ...........   16   »

*Chimie appliquée à l'agriculture*, ou Leçons professées depuis 1852 à 1862, par MALAGUTI, 3 vol. in-12 ..........................   10   »

*Petit Cours de Chimie agricole* à l'usage des Écoles primaires, par MALAGUTI, 1 vol. in-18, cartonné ..........................   1   40

*Catéchisme agricole*, par GREFF, 1 vol. in-18, cartonné ...........   »   60

*Emploi pratique des Instruments d'agriculture*, par HEYLANDT, 1 vol. in-12, broché .................................................   1   »

*Veillées villageoises*, par NEVEU-DEROTERIE, 1 vol. in-12, cartonné ....   1   »

*Éléments d'agriculture*, par JAMET, 1 vol. in-12, broché ..........   1   50

*Vache bretonne*, par BELLAMY, 1 vol. in-12, broché ..............   2   50

*Traité des Bêtes à cornes*, par VILLEROY, 1 vol. in-12, broché .....   1   25

*Choix des Vaches laitières*, par MAGNE, 1 vol. in-12, broché ......   1   25

*Achat du Cheval*, par GAYOT, 1 vol. in-12, broché ..............   1   25

*Manuel de Médecine vétérinaire*, par VERHEYEN, 2 vol. in-12 ......   2   50

*Traité des Vaches laitières*, par GUENON, 1 vol. in-8° ...........   6   »

Id.          id.          id.   (abrégé), 1 vol. in-12 ...........   2   »

*Catéchisme agricole*, par FENNEBRESQUE, 1 vol. in-12, broché .....   1   50

*Races bovines*, par DAMPIERRE, 1 vol. in-12, broché .............   1   25

*Fermage et Métayage*, par GASPARIN, 2 vol. in-12, brochés .......   2   50

*Travaux des Champs*, par V. BORIE, 1 vol. in-12, broché .........   1   25

*Ornementation des Jardins*, par BONA, 1 vol. in-12, broché ......   1   25

*Traité des Arbres fruitiers*, par PAVIS, 1 vol. in-12, broché ......   1   25

*Traité d'Arboriculture*, par DUBREUIL, 2 vol. in-12, brochés .......   12   »

Id.          id.   (abrégé), 1 vol. in-12, broché ..   2   50

*Taille des Arbres fruitiers*, par HARDY, 1 vol. in-8°, broché .......   5   50

*Le Poulailler*, par JACQUES, 1 vol. in-12, broché ...............   3   50

*Botanique populaire*, par LECOQ, 1 vol. in-12, broché ...........   3   50

*Usages locaux* ayant force de loi dans le département d'Ille-et-Vilaine, par QUERNEST, 1 vol. in-8°, broché ..........................   2   »

*Bon Fermier*, par BARRAL, 1 vol. in-12, broché ................   7   »

*Calendrier du Bon Cultivateur*, par MATHIEU DE DOMBASLE, 1 vol. in-12, broché .................................................   4   75

*Bon Jardinier*, pour 1863, 1 vol. in-12, broché ................   7   »

*Maison rustique du XVIII° siècle*, 5 vol. grand in-8° ............   38   »

Chaque volume se vend séparément .....................   9 fr.   »

A LA MÊME LIBRAIRIE, on se procurera tous les Ouvrages concernant les Arts agricoles.

Rennes, typ. OBERTHUR. — Maison à Paris, rue des Blancs-Manteaux, 35.

www.ingramcontent.com/pod-product-compliance
Lightning Source LLC
LaVergne TN
LVHW011901180726
843502LV00003B/550